U0169059

排水管网
非开挖修复技术指南

PAISHUI GUANWANG FEIKAIWA XIUFU JISHU ZHINAN

尹朝援　胡　斌　陈德顺
宋　芊　杨生巧　　等编著

图书在版编目(CIP)数据

排水管网非开挖修复技术指南／尹朝援等编著. —武汉：中国地质大学出版社，2023.5
ISBN 978-7-5625-5590-2

Ⅰ. ①排…　Ⅱ. ①尹…　Ⅲ. ①排水管道-管网-管道维修-指南　Ⅳ. ①TU992.4-62

中国国家版本馆 CIP 数据核字(2023)第 092541 号

排水管网非开挖修复技术指南

尹朝援　胡　斌　陈德顺　宋　芊　杨生巧　等编著

责任编辑:张　林　段　勇　　选题策划:江广长　段　勇　　责任校对:杜筱娜

出版发行:中国地质大学出版社(武汉市洪山区鲁磨路 388 号)　　邮编:430074
电　　话:(027)67883511　　传　　真:(027)67883580　　E-mail:cbb@cug.edu.cn
经　　销:全国新华书店　　http://cugp.cug.edu.cn

开本:787 毫米×1092 毫米　1/16　　字数:197 千字　　印张:8.25
版次:2023 年 5 月第 1 版　　印次:2023 年 5 月第 1 次印刷
印刷:武汉精一佳印刷有限公司

ISBN 978-7-5625-5590-2　　定价:98.00 元

《排水管网非开挖修复技术指南》编委会

序

我国城市地下排水管网规模巨大，总长度超过百万千米，然而，随着地下排水管网建设的迅速发展和大量在役管网的老化失修，管道渗漏、腐蚀、沉陷、开裂、淤积等病害普遍存在，导致环境污染、城市内涝、道路塌陷等事故多发频发，造成重大经济损失和不良社会影响。

排水管网非开挖检测修复技术在国内外已有50多年的发展历史，具有综合成本低、施工周期短、环境影响小、不影响交通、施工安全性好等优势，近年来在国内得到广泛关注和推广应用，在相关水环境治理行动中也发挥着极为重要的作用。

中铁上海工程局集团有限公司作为国内环保建设领域的领军单位，深耕非开挖行业数十年，在排水管网非开挖检测修复领域积累了宝贵的工程经验。为更好地促进行业发展并指导公司相关项目的标准化，几位编撰者花费了大量精力编制了本书。

本书从设计、材料、施工、检验验收等方面对国内外主流非开挖修复技术进行了系统性的阐述，内容阐述条理清晰、图文并茂、资料翔实，实用性强，参考价值大。本书的出版将进一步完善和丰富我国排水管网非开挖检测修复技术，对该领域的具体工程实践具有重要的指导和借鉴意义。

本书的编撰者均是在排水管网工程一线工作多年的技术管理人员，有着丰富的施工管理经验和娴熟的技术能力，掌握了多种施工技术，尤其在排水管网非开挖修复技术方面，具有独到的见解和成功的经验。编撰者在繁忙工作之余能够及时总结经验并出版本书，为类似工程施工提供借鉴，实属不易。我将本书推荐给大家，希望对我国排水管网非开挖检测修复技术水平的提高起到促进作用。

马保松

2023年3月

前　言

改革开放40多年来，我国社会经济水平得到了快速提升，国家经济实力大幅增强，但随着经济的发展，我国面临的生态环境问题越发严重。针对这些问题，国家有关部门先后组织开展了"城市黑臭水体治理""长江生态大保护"等水环境治理行动。"黑臭在水里，根源在岸上，关键在排口，核心在管网"是该行动的核心思想。

排水管道是一个城市的"生命线"，承担着城市污水排放和收集运输的重任，其能否正常发挥设计功能将直接影响城市的安全和社会、经济、环境的可持续发展，直接关系相关环境治理行动的效果。因此，在相关水环境治理行动中，排水管网的溯源排查和病害整治工作尤为重要。排水管网非开挖检测修复技术作为一种高效环保的管网排查整治方法，目前已广泛应用到国内排水管网溯源排查和病害整治工作中。为更好地指导国内相关企业从事排水管网非开挖修复工作，特编制了本指南。

本指南提出了排水管道非开挖修复的基本原则、分类与技术的选择，明确了非开挖修复工程设计、施工、工程验收的内容、要求和方法，检查井修复的相关要求，并提供了部分实践案例。指南中涉及的排水管网非开挖修复技术均为中铁上海工程局集团有限公司应用过的技术，主要包括：翻转式原位固化法、紫外光原位固化法、原位热塑成型法、水泥基材料喷筑法、不锈钢双胀环法、不锈钢快速锁法、点状原位固化法、碎（裂）管法、注浆堵漏加固法、垫衬法、机械制螺旋缠绕法、管片内衬法、短管内衬法及检查井修复技术。随着排水管道非开挖修复技术的不断创新，必定会出现新技术，本指南将适时修订完善。

目　录

第一章 总 则

1.编制目的

本指南旨在指导在水环境治理过程中，在排水管道传统开挖换管更新技术代价高昂或不具备实施条件的情况下，推广和应用非开挖修复技术，加大非开挖修复技术在排水管道抢修和结构性损坏的预防性修复工程中的比例，归纳总结常用非开挖修复技术的适应性，指导合理地选择非开挖修复技术，保障非开挖修复质量，排除安全隐患，力争做到技术可靠、经济合理、安全为重、保护环境，为加快补齐城镇生活污水收集系统短板以及恢复、提升和优化现有排水管道潜力及效能提供重要技术保障。

2.适用范围

本指南总结和借鉴了国内行业排水管道非开挖修复技术的实践经验，参考相关规范、标准和研究，适用于排水管道非开挖修复工程的设计、施工和工程验收。

本指南未作明确要求的，按国家、行业、地方有关规范和标准执行；国家、行业、地方颁布的规范或标准，相关条款要求高于本指南要求的，适用从高、从严原则。国家、行业、地方新规范、新标准颁布实施后，适时修订本指南。

3.基本原则

排水管道非开挖修复的基本原则是技术可靠、经济合理、安全为重、保护环境。

(1)技术可靠。排水管道及其他市政管线被称为城市的“生命线”，排水管道在城市污水收集与输送、防汛排水安全服务保障方面发挥着重要的作用。国内排水管道由于受管材质量不达标、施工管理不规范、环境条件受限制、运营维护不到位等影响，存在大量功能性或结构性缺陷，有着严重影响管道过流能力和发生道路坍塌的风险。目前，国内采用非开挖修复技术对排水管道进行修复的工程日趋增多，保证修复工程的质量对于排水管道的安全运行显得尤为重要。因此，在采用非开挖技术对排水管道进行修复时，应以技术可靠为基础，确保工程质量和不影响环境。

(2)经济合理。非开挖修复技术几乎可用于现有所有管材类型的排水管道，但由于该类技术目前仍属于新技术，市场还没有普及，一般情况下工程造价比传统开挖方法稍高。对于交通繁忙、新建道路、环境敏感等不适合进行开挖修复地区，经过经济技术比较后，应优先选用非开挖修复技术。在工程造价合理的条件下，对城镇排水管道修复也建议优先选用非开挖修复技术。

(3)安全为重。非开挖修复技术需在地面、检查井内进行操作,部分工艺尚需进入管道,涉及地下有限空间作业,风险高。进行非开挖修复工程时应按照现行行业标准《城镇排水管渠与泵站运行、维护及安全技术规程》(CJJ 68—2016)的有关规定,制定安全防护措施,消除安全隐患,并在施工作业时严格遵守。

(4)保护环境。采用非开挖修复技术的工程中,所产生的污物、噪声及振动应符合国家和省市地方有关环境保护的法律、法规的规定。

第二章　排水管道非开挖修复技术简介

第一节　翻转式原位固化法

原位固化内衬法是一种排水管道非开挖现场固化内衬修理方法。该方法是将浸满热固性或光固性树脂的软管利用翻转或拉入的方式送入已完成预处理的待修管道中，并使其紧贴于管道内壁，通过加热或光照的方式使树脂在管道内部固化，形成高强度内衬树脂新管。

原位固化法根据固化工艺可分为热固化和光固化，根据内衬植入办法可分为水翻、气翻与拉入，常见主流工艺有热水翻转固化内衬法和紫外光固化内衬法。原位固化内衬管耐久实用，具有耐腐蚀、耐磨损的优点，可防地下水渗入问题，材料强度大，可提高原管道结构强度，延长管道20年的使用寿命，最长可使被修复管道的寿命达到50年。

1.技术特点

采用翻转方式将浸渍热固性树脂的软管置入待修复管道内，通过热水或蒸汽固化树脂后形成管道内衬的修复方法称为翻转式原位固化法。该工法不开挖路面，不产生施工垃圾，可以仅夜间施工不堵塞交通，施工周期短，使管道修复施工的形象大为改观，社会效益和经济效益均好，目前已成为排水管道非开挖整体修复的主流。在排水管道非开挖修复中，该方法通常与土体注浆技术联合使用。

2.适用范围

(1)翻转式原位固化法内衬修复技术是后固化成型，主要用于管道截面为圆形，管道材质为钢筋混凝土管、水泥管、钢管以及各种塑料管的雨污排水管道。

(2)适用于管径150～2200mm的排水管道的整体修复。

(3)适用于管道结构性缺陷呈现为破裂、错口、脱节、渗漏、腐蚀，且接口错口不大于直径的15%，管道基础结构基本稳定，管道线形没明显变化，管道壁体坚实、不酥化等情况的修复。

(4)适用于对管道内壁局部沙眼、露石、剥落等病害的修补。

(5)适用于管道接口处在渗透预兆期或临界状态时预防性修理。

(6)不适用于管道基础断裂、管道严重破裂、管道节脱呈倒栽式状、管道接口严重错口、管道线形严重变形等结构性缺陷和严重损坏的修复。

(7)不适用于严重沉降、与管道接口严重错口损坏的检查井。

3. 工艺原理

(1)翻转式原位固化法的施工工艺有水翻法、气翻法两种。①水翻法所利用的翻转动力为水,翻转完成后直接使用锅炉将管道内的水加热至一定温度,并保持一定时间,使吸附在纤维织物上的树脂固化,形成内衬使其牢固贴附于被修复管道内壁而完成修复。特点是施工设备投入较小,施工工艺要求较其他现场原位固化法内衬工艺简单。②气翻法是使用压缩空气作为动力将热固化内衬管翻转进入被修复管道内的工艺,翻转完成后使用蒸汽进行固化。特点是现场临时施工设施较少,施工风险较小,设备投入成本较高。因为施工过程压力较高,通常在压力管修复时采用,不建议用于重力管修复。

(2)翻转式原位固化法工艺原理。根据现场的实际情况,在工厂内根据设计要求制造对应管径与厚度的内衬树脂软管,施工时将树脂软管通过机械拉入或翻转的方式送入待修复排水管内。送入完成后,利用水或压缩空气使树脂软管膨胀并紧贴在旧管内壁,然后利用温水循环加热的方式,使具有热硬化性的树脂软管硬化成型,在旧管内形成一层高强度的内衬新管。

4. 工程案例

上海市北翟路 DN1500 污水管道修复工程:该污水管道是收集上海虹桥机场及大虹桥商务圈污水的干道,上海市外环线北翟路立交建设中的基础施工对该管道造成了影响。原管道为顶管施工,周边有上海地铁 2 号线,若改排会对地下交通等带来较大风险。根据专家组的论证,决定采用翻转式原位固化法实施加固修复。由于该管道中间没有检查井,现场采用分别从两侧检查井向中间各施工 91.0m,中间部 CIPP 内衬材料重叠 2.0m 的施工方案(图 2-1)。最终成功完成了管道修复作业。

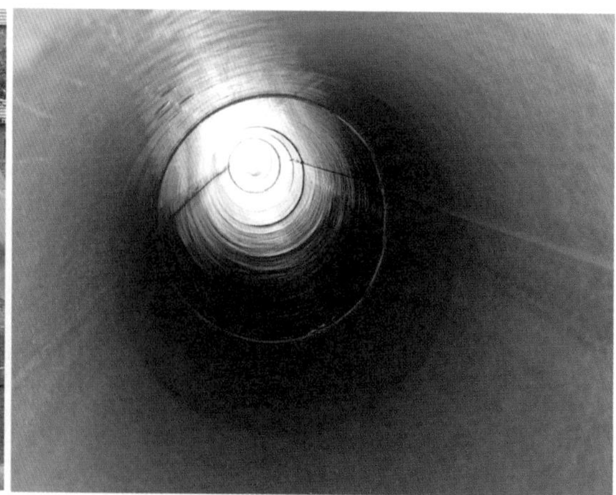

图 2-1　翻转固化施工(左)及修复后效果(右)

第二节　紫外光原位固化法

1. 技术特点

采用牵拉方式将浸有光引发树脂的软管置入待修复管道内，通过紫外光固化后形成管道内衬的修复方法称为紫外光原位固化法。

(1)内衬和管道之间紧密贴合，无须灌浆，过流面积损失小，修复后可增加管道过流流量。

(2)施工速度快、工期短，并可用于弯曲、有一定变形部位的管道修复。

(3)修复后内衬管没有接头，表面光滑、连续，可增加管道的整体性。

(4)施工时间短，内衬管的固化速度最高可达到 1m/min，修复完成后的管道即可投入使用，极大缩短了管道封堵的时间。

(5)该工艺形成的内衬管强度高，弹性模量是 PE 管的 10 倍，因此可用较小的壁厚达到使用要求。

紫外光原位固化技术相比于翻转式原位固化技术，其形成的内衬管刚度大，相同工况下，内管壁厚较小；固化时间短，施工迅速。施工机具高度自动化，固化过程可视化，施工质量可以得到很好的控制。

2. 适用范围

(1)紫外光原位固化法内衬修复技术也是后固化成型，主要用于管道截面为圆形，管道材质为钢筋混凝土管、水泥管、钢管以及各种塑料管的雨污排水管道，也可修复异形管道。

(2)适用于管径 150～1800mm 的排水管道的整体修复，如果管道直径小于 150mm，则受管径现状制约，固化设备无法进入和施工；如果管径大于 1800mm，受制于材料和设备等因素无法完成施工。

(3)紫外光原位固化法内衬修复技术适用于多种类型的管道缺陷修复作业。

3. 工艺原理

紫外光固化内衬修复技术是将玻璃纤维编制成软管，浸渍光固化树脂后，将其拉入原有管道内充气扩张，使其紧贴原有管道，然后，以原有管道为外膜，软管内膜为内膜，在紫外光的作用下使树脂固化形成具有一定强度的内衬管的管道非开挖修复技术(图 2-2)。

紫外光固化非开挖管道修复技术软管自里向外由内膜、玻璃纤维织物、外膜、保护膜组成，其基本组成结构如图 2-3 所示。

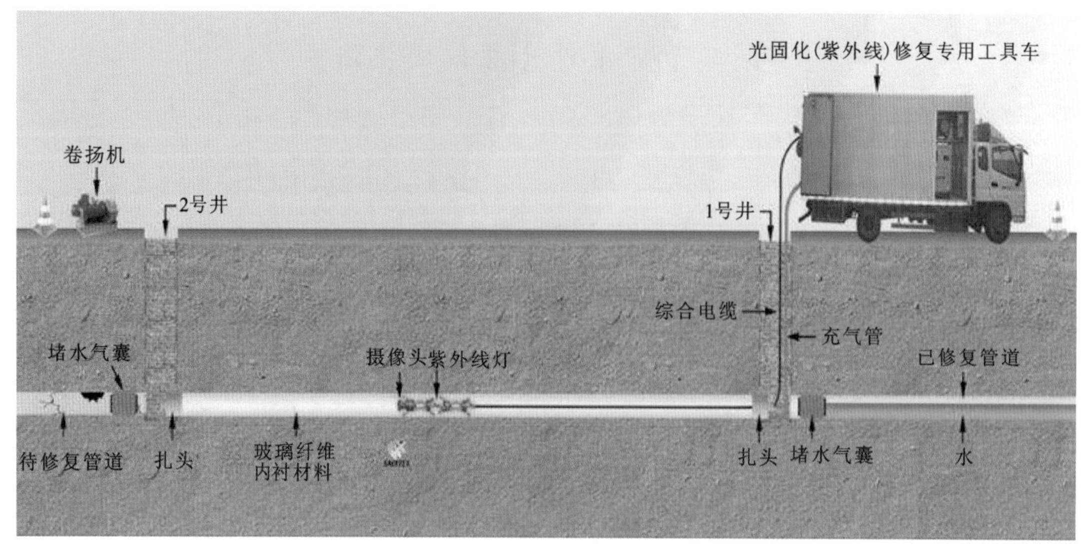

图 2-2　紫外光固化修复技术示意图

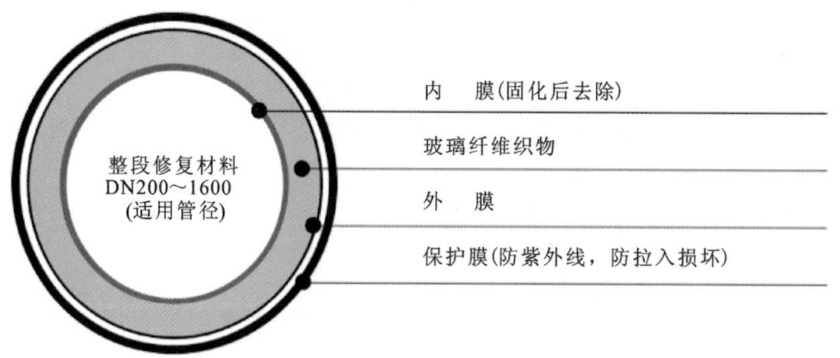

图 2-3　紫外光固化材料结构示意图

4. 工程案例

1)工程概况

本工程位于武汉市新洲区，附近有湖北省中山医院等重要人员活动中心，交通繁忙，管线如图 2-4 所示。现有管道为 DN600 及 DN800 钢筋混凝土管，管顶覆土约为 2m，根据现场勘察，1466YS162-1466YS165(以下简称 162-165)、1466YS165-1466YS168(以下简称 165-168)两段管道存在腐蚀、破裂，造成管道结构受损，水流不顺，如图 2-5 所示。

工程计划在 162-165 左井 12m 处及 165-168 右井 12m 处各新增一直径 1000mm 和 1250mm 的混凝土雨水检查井；然后在旧检查井与新增检查井之间进行紫外光固化修复，大大减少了工程造价与施工时间，达到了极高的经济效益与社会效益。

本工程仅历时 1d，除增设检查井外最终完成 DN600 紫外光固化内衬修复 13.2m、DN800 紫外光固化内衬修复 13.2m，DN600 管道腐蚀变形处理 13.2m，DN600 管道疏通检测13.2m，

DN800 管道破裂处理 13.2m，DN800 管道疏通检测 13.2m。管道修复完成后，过流恢复正常，管道结构得到加强。

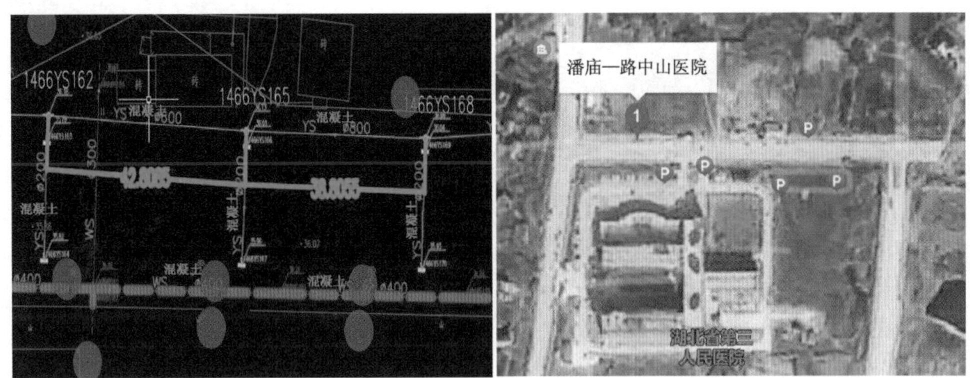

a. 管道位置设计图　　b. 工程区域位置

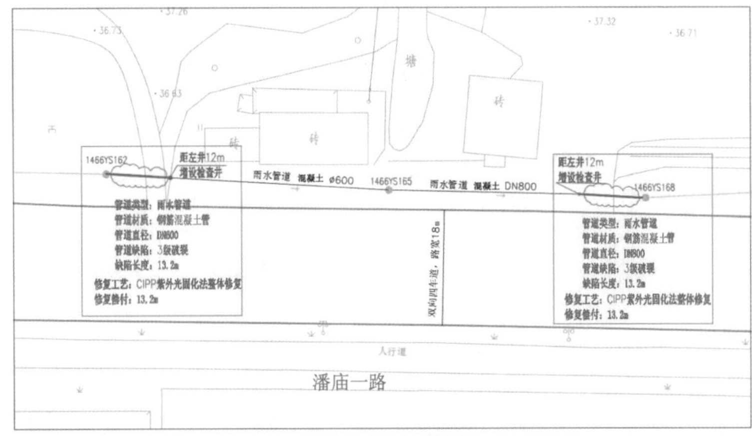

c. 管道缺陷修复设计图

图 2-4　DN600 及 DN800 缺陷管道设计图

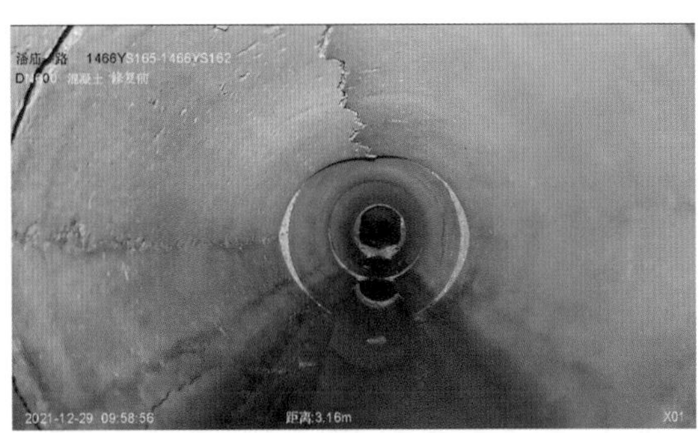

图 2-5　管道破裂照片

2)管道预处理

本工程采用非开挖修复技术进行修复，具体方案如下(图 2-6)：

根据现场情况，在增设检查井之后，先对上游 162-165 段管道进行修复，再对 165-168 段

a. 管道清洗照片

b. 气囊封堵照片

c.衬管拖入照片

d.紫外光固化修复

图 2-6　施工过程照片

管道进行修复。162-165 段及 165-168 段管道修复时仅需要对 162 检查井及 168 检查井进行堵水，防止污水回流。

162-165 段及 165-168 段管道修复时采用如下调水方式：首先进行堵水、调水，采用 DN600 气囊封堵 162 检查井，DN800 气囊封堵 168 检查井，其中 162 检查井为正堵，168 检查井为反堵，将泥浆泵放入 162 检查井调水，通过地面临排管道抽水至 168 检查井。

堵水完后，将待修复段管道内水抽干，对腐蚀破裂部位进行预处理，使管道恢复原有管道形状。最后采用紫外光固化内衬修复技术对缺陷段管道进行整体结构加固。

3) 内衬修复及效果

(1)通过本工程修复，管道过流恢复正常，解决了现有管道堵水问题，管道修复效果如图 2-7所示。

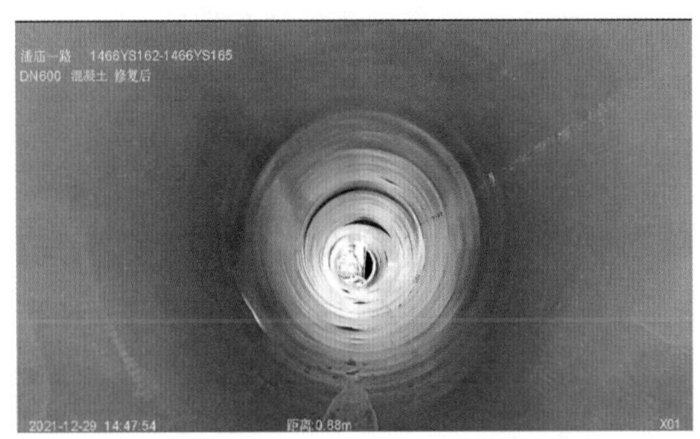

图 2-7　管道修复后效果图

(2)通过本工程修复,管道整体结构得到加强,避免同类缺陷在该管道内的再次发生,延长了管道现有使用寿命。

(3)整个工程历时 1d,严格按安全文明施工要求进行,整个工程无安全事故发生,未破坏道路,交通影响小,未受到居民投诉及城管单位处罚。

(4)整个施工过程,施工方严格把控各个施工环节,施工资料齐全,确保了本工程的质量,满足竣工要求。

第三节　原位热塑成型法

1. 技术特点

原位热塑成型法作为一种新型的给排水管道修复方法,主要有如下特点:

(1)内衬管在工厂预制,无须现场固化。

(2)内衬管与原有管道紧密贴合,无须灌浆处理。

(3)修复后内衬管道连续,内壁光滑,有利于减小流量损失。

(4)施工设备简单,占地面积小,施工速度快,工期短。

(5)适用范围广,可用于变径、带角度、严重错口、腐蚀的各种材料管道。

(6)内衬管强度高,韧性好,抗腐蚀能力强,修复后管道质量稳定性好,使用寿命长。

(7)一次性修复管道距离长,减少开挖工作井数量。

(8)对输送介质无污染,经济环保,节约资源。

原位热塑成型修复技术采用的内衬管道属于热塑性高分子材料,可多次加热成型,重复使用,但热塑性塑料管道耐热性较差,使用时应避免高温,否则会造成管道变形,影响管道的正常使用。

2. 适用范围

原位热塑成型法适用于直径 1200mm 以下各种用途管道修复,例如给水、排水、燃气管道修复等。适用于变径、带角度、严重错口、腐蚀的各种材料管道修复,例如混凝土管、铸铁管、

HDPE 管等。还适用于动荷载较大、地质活动比较活跃地区的管道修复，例如铁路、高速公路下管道修复。

3. 工艺原理

原位热塑成型法指的是将工厂预制内衬管加热软化，牵引置入原有管道内部，通过加热加压与原管紧密贴合，然后冷却形成内衬管，简称 FIPP（formed-in-place pipe）。

该方法主要利用热塑性高分子材料可多次加热成型、重复使用的特点，在工程现场应用加热装置将工厂生产的内衬管拉入待修管道内部，以原管道为模子，然后加热加压，最终形成与原管道紧密贴合的管道，如图 2-8 所示。

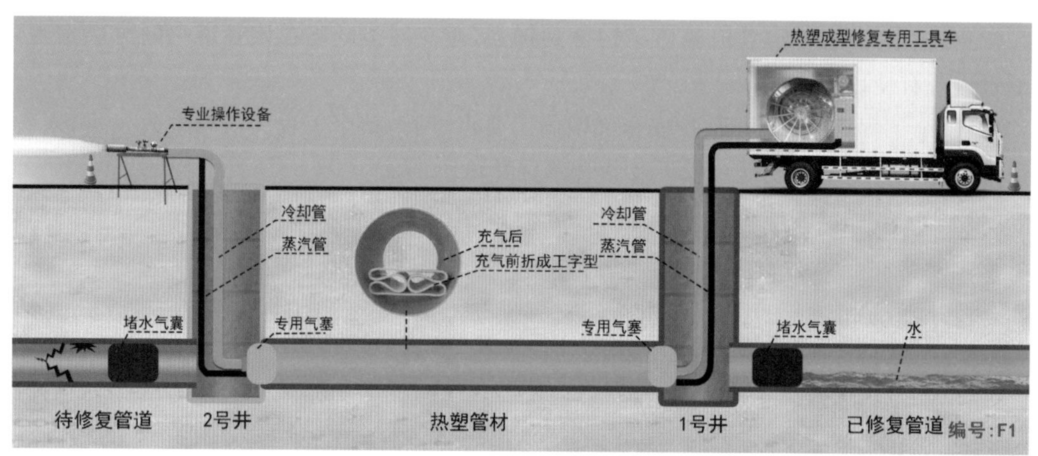

图 2-8　原位热塑成型法修复示意图

新研发的内衬管道有良好的抗冲击性能、柔韧性和一定刚度，内衬管成型后强度高，可单独承受所有的外部荷载，包括静水压力、土压力和交通荷载等。由于管道的密闭性能卓越，有些产品可以应用于低压管道的全结构修复，还可用于修复破损不是很严重的高压管道。

4. 工程案例

1)工程概述

该工程位于武汉市新洲区阳逻经济开发区金阳大道的主干管。待修复管道为 DN400 的钢筋混凝土管，总长 30m，每段管节长 2m。检查井口径为 DN700。

经检测该段管道内存在严重的结构性缺陷，其中结构性缺陷主要为接口错口、管道渗漏及管道破裂，错口幅度达 5cm，多处纵向破裂，且长度较长，缺陷等级评定为Ⅱ级，如图 2-9、图 2-10所示。经各种技术相互比较后，本工程采用热塑成型技术进行修复。

2)管道预处理

在管道功能性缺陷当中，沉积是最常见的缺陷，因此对沉积的处理是功能性缺陷最重要的方面。针对此工程我们采用高压水射流清洗原有管道。高压水射流清洗目前是国际上工

图 2-9　管道错口及破裂

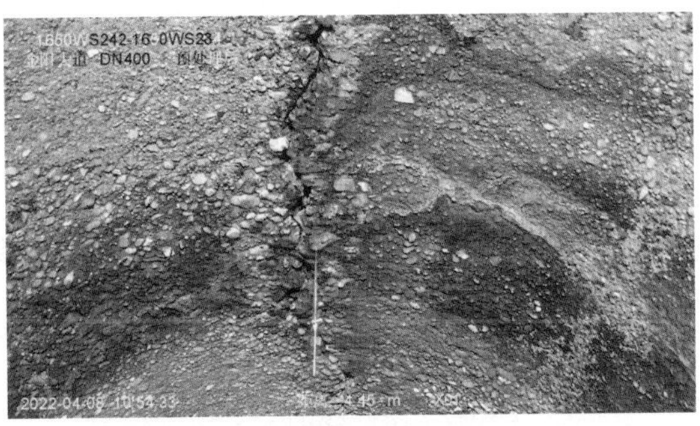

图 2-10　管道破裂及渗漏

业及民用管道清洗的主导设备，其应用比例为 80％～90％，主要适用于清除管内松散沉积物或为管道检测、修复进行的准备措施。

高压水射流清洗的原理是由高压泵产生的高压水从喷嘴喷出，将其压力能转化成高速流体动能，高速流体正向或切向冲击被清洗件的表面，产生很大的瞬时碰撞动量，并产生强烈脉动，从而使附着在管内壁上的结垢剥离下来。

混凝土污水管道渗漏 50％发生在管道接口处，因此对结构性缺陷的处理主要在于接口的处理。本工程管道错口、脱节距离较大，预处理过程中应将错口、脱节部位用水泥抹平，且应避免接口处陡坎的出现。如果管道渗漏，可先采用专用堵漏材料进行堵漏，或者采用外部注浆的措施进行堵漏。

3）内衬修复

热塑成型施工过程依次为衬管拖入、端口插入塞堵、衬管热塑成型、端口处理。实际施工中仍有许多经验值得总结。本工程中的经验如下：

目前国内检查井井口直径只有 DN600～700，因此在施工 DN400 管道的热塑修复时两端的塞堵安装并不方便。针对这个问题我们决定将塞堵放置于检查井口，如图 2-11 所示。现场将衬管延长至检查井口外，插入塞堵。

图 2-11　端口插入塞堵

4)修复效果

采用热塑成型内衬修复技术对原有破损管道进行非开挖修复后，按照相关标准要求，进行了相关试验，测试结果合格，修复后的管道过流能力大幅提高。修复前后管道情况如图 2-12 所示，此图片通过管道闭路电视(CCTV)检测得到。

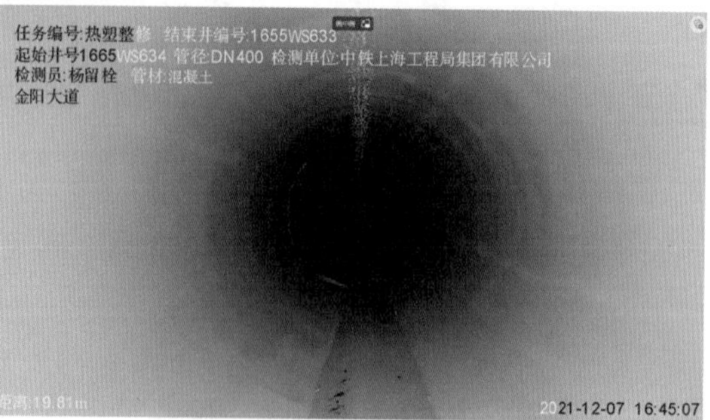

图 2-12 管道修复前(左)后(右)对比图

第四节 水泥基材料喷筑法

1. 技术特点

水泥基材料喷筑法是指通过离心或压力喷射方式将修复用水泥基材料均匀覆盖在待修复管道设施内表面形成内衬的管道修复方法。该工艺具有以下技术特点：

(1)永久性、全结构性修复，适用管径为 250～4000mm。

(2)水泥基材料喷筑法修复技术是在 20 世纪 30 年代的 PERMACAST 检查井离心喷涂修复技术的基础上发明的，该技术成熟、可靠。

(3)水泥基材料喷筑法修复技术专用的内衬灰浆材料为高强度纤维增强特种水泥，可在潮湿基体表面喷涂；该材料从 2001 年投入工程应用到现在，材料配方从未变动，性能稳定可靠。

(4)特殊的材料配方使内衬固结体具备了自我修复的性能，在有水分存在的环境，内衬管具有对毛细裂纹的自修复能力，使内衬具备了永久的防渗性能。

(5)全自动双向旋转离心喷涂，涂层均匀、致密。

(6)可针对管径、埋深、地下水、地质及管道破损等情况，灵活设计内衬厚度，并可在任意管段变化内衬厚度，最大限度降低修复成本。

(7)修复材料与基体表面紧密黏合，对基体上的缺陷、孔洞、裂缝等有填充和修补作用，充分发挥了原有结构的强度。

(8)一次性喷涂修复距离可达 300m，内衬管连续、无接缝。

(9)喷涂设备尺寸小，喷涂速度在调速绞车的精确回拉下进行，不受管道弯曲、转角等限制。

(10)对于超大断面管涵和压力管道,可在喷涂层之间加筋(钢筋网、纤维网等),增加结构的整体强度。

(11)修复结构防水、防腐蚀,不减少过流能力,设计使用寿命可达到50年以上。

2. 适用范围

(1)水泥基材料喷筑法可用于各类断面形式、无机材质排水管(渠)的修复。

(2)水泥基材料喷筑法按工艺可分为离心和人工喷筑两种方式。离心喷筑法可用于DN300～3000的圆形管道及检查井井壁的修复;人工喷筑法可用于人可进入的管道、检查井、各类箱涵、硐室等各类断面形式结构的修复。

3. 工艺原理

水泥基材料喷筑法技术是一种将预先配制好的膏状修复材料(特种水泥浆或环氧树脂材料)泵送到位于管道中轴线上,经由压缩空气驱动的高速旋转喷头,材料在高速旋转离心力的作用下均匀甩向管道内壁,同时旋转喷涂设备在牵引绞车的带动下沿管道中轴线缓慢行驶,使修复材料在管壁形成连续致密的内衬层的管道修复技术。当一个回次的喷涂完成后,可以适时进行第二次、第三次……喷涂,直到喷涂形成的内衬层达到设计厚度,如图2-13所示。

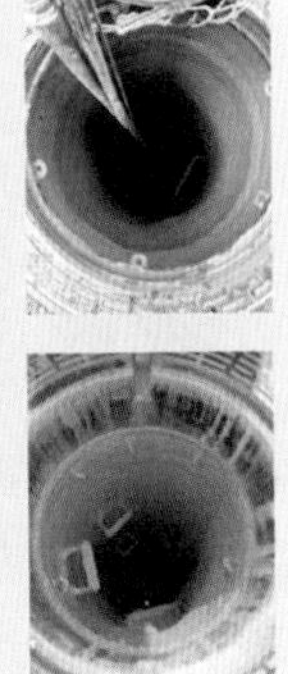

图2-13　水泥基材料喷筑修复技术施工图

4. 工程案例

成都市摸底河污水倒虹管,位于一环路西三段与清江东路交界处,倒虹管上方为摸底河河床,管道长度为28m;现场勘察河床有明显坍塌冒污情况,河水受污染,泵站抽水负荷增大(图2-14)。

经下河探查,确定倒虹管管道外壁裸露,上方水泥砂石层缺失,被吸入管道内,造成管道堵塞,管道上方土体空洞长约11m、宽约18m。当倒虹管内压力大时河水倒灌入管内,管内压力小时污水溢流进河内。

图 2-14　摸底河倒虹管上方

针对现有情况，拟对河床空洞处进行沙袋围堰，并将空洞用沙袋填充，然后采用 H100 注浆材料对围堰及填充沙袋进行注浆止水，确保河床内的水不进入管道，最后排除管道内的水，并采用水泥基浇筑内衬技术进行修复加固。

围堰设计长 25m，上底宽 2m，下底宽 2.5m，高 2m，如图 2-15 所示。现场采用沙袋围堰，并对空洞处填充，然后对沙袋采用 H100 注浆堵漏材料进行注浆。注浆后效果明显，围堰未漏水，如图 2-16 所示。

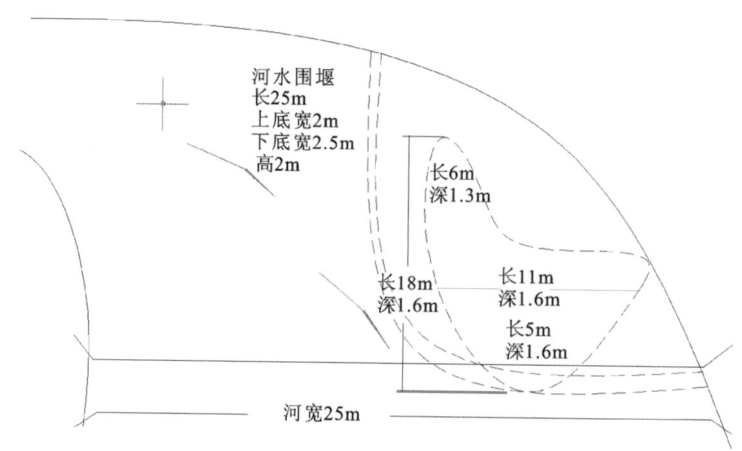

图 2-15　摸底河倒虹管土层塌陷及围堰设计

围堰施工完后，抽干管道内的水，清淤管道的砂石，并采用 CCTV 对管道进行检测，管道内状况如图 2-17 所示。经评估，该倒虹管存在多处错口，且存在 DN1000 管道缩径成 DN800 管道的现象，如图 2-18 所示。

根据现有管道情况，对清理后的管道采用管盾技术进行整体喷涂加固，喷涂厚度设计为 0～3cm，如图 2-19 所示。该工程中管道错口严重，且存在变径管道，因此施工中采用人工喷涂，喷涂过程及效果如图 2-20 所示。工程施工完后管道整体得到加固，且对上方土体也进行了注浆堵漏，管道恢复正常通水。

图 2-16　沙袋围堰施工(左)及注浆(右)

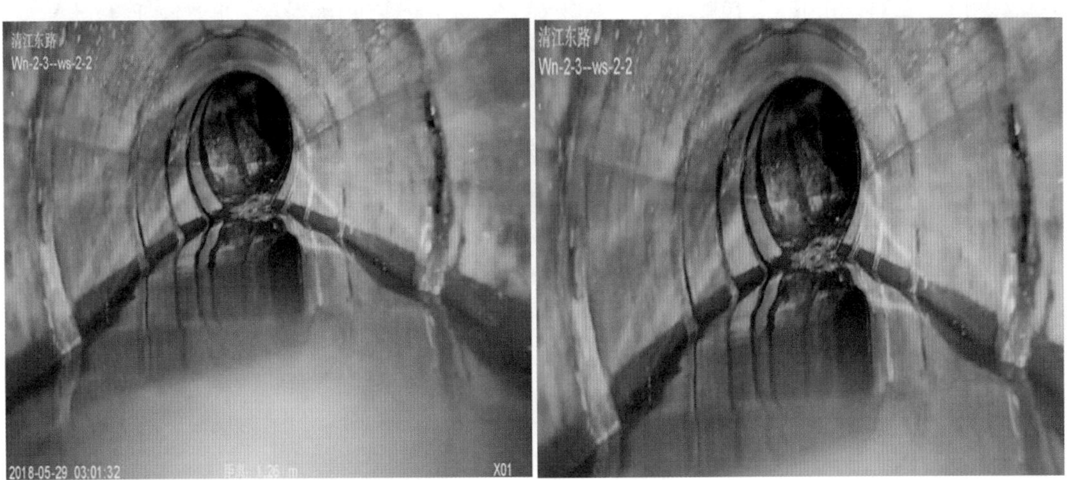

图 2-17　管道内状况

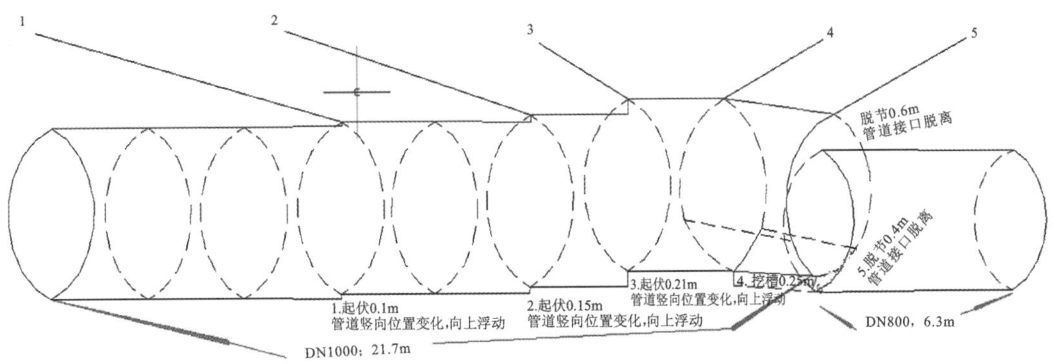

图 2-18　管道线性状况

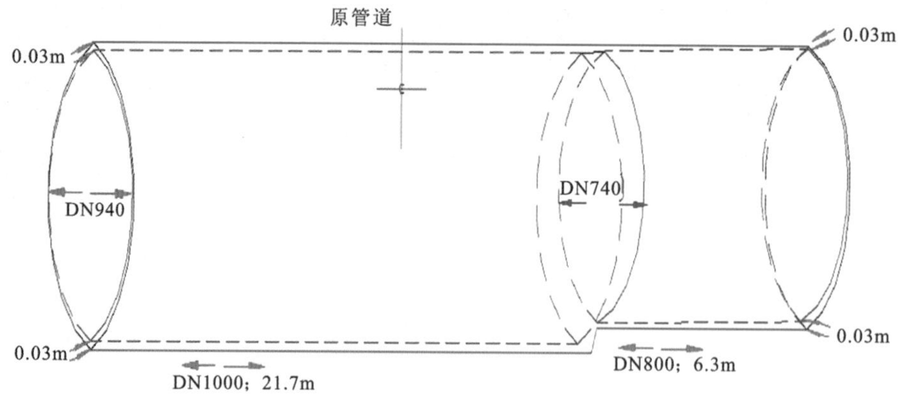

图 2-19　摸底河倒虹管喷涂修复设计图

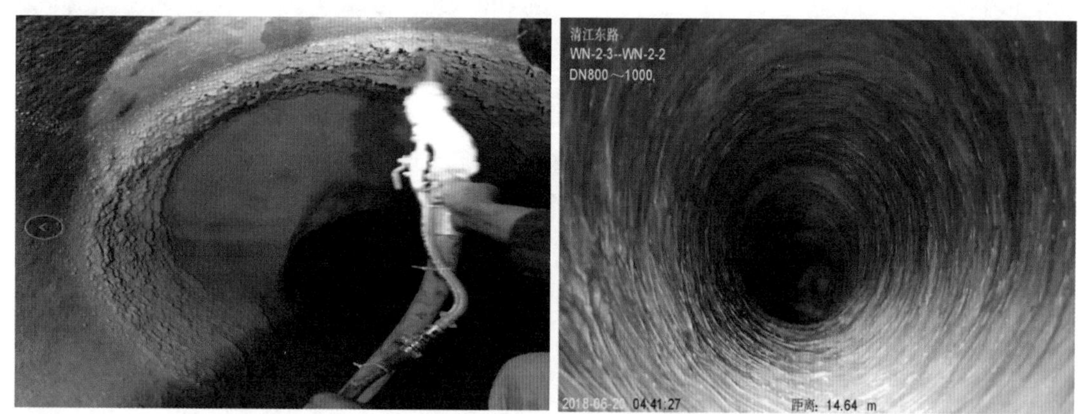

图 2-20　管道喷涂施工(左)及效果(右)

第五节　不锈钢双胀环法

1. 技术特点

不锈钢双胀环法是一种管道非开挖局部套环修复方法。该方法采用的主要材料为环状橡胶止水密封带与不锈钢套环，在管道接口或局部损坏部位安装橡胶圈双胀环，橡胶带就位后用2～3道不锈钢胀环将其固定，从而达到止水目的。

不锈钢双胀环法具有施工速度快，质量稳定性较好，可承受一定接口错口，止水套环的抗内压效果比抗外压要好等优点，但对水流形态和过水断面有一定影响。在排水管道非开挖修复中，该方法通常与钻孔注浆法联合使用。

2. 适用范围

(1)可用于修复DN800以上的混凝土管、钢筋混凝土管、钢管、球墨铸铁管及各种合成材料管材的排水管道局部修复。

(2)适用于管道结构性缺陷呈现为脱节、渗漏，管道基础结构基本稳定，管道线形没明显变化，管道壁体坚实不酥化情形的修理。

(3)适用于管道接口处于渗漏预兆期或临界状态时的预防性修理。

(4)不适用于管道基础断裂、管道严重破裂、管道节脱呈倒栽式状、管道接口严重错口、管道线形严重变形等结构性缺陷严重损坏的修复，不适用于对塑料材质管道进行修复。

3. 工艺原理

双胀环分两层，一层为紧贴管壁的耐腐蚀特种橡胶，另外一层为两道不锈钢胀环。在管道接口或局部损坏部位安装环状橡胶止水密封带，橡胶带就位后用2～3道不锈钢胀环固定。安装时先用螺栓、楔形块、卡口等构件使套环连成整体，再紧贴母管内壁，利用专用液压设备，对不锈钢胀环施压，使安装压力符合管线运行要求，在接缝处建立长久性、密封性的软连接，使管道的承压能力大幅提高，以确保管线的正常运行。

4. 工程案例

苏州市某路段桥下雨水管，管道材质为混凝土管，管径为1500mm，管道埋深4m，管道内部结构性缺陷为脱节。针对这种情况，决定采用不锈钢双胀环法对管道进行修复，修复完成后，管道脱节、渗透等问题得到了很好解决(图2-21)。

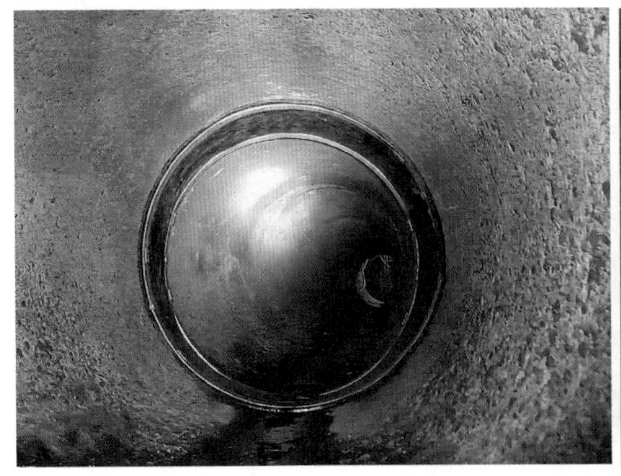

图2-21 不锈钢双胀环修复施工

第六节 不锈钢快速锁法

1. 技术特点

不锈钢快速锁法是指采用专用不锈钢圈扩充后将橡胶密封圈挤压在原有管道缺陷位置，形成管道内衬的管道局部修复方法。该方法技术特点如下：

(1)整个内衬修复过程安全可靠，无须开挖修复。

(2)施工时间短,快速方便,安装完即可通水使用。

(3)具有抗化学能力,耐酸碱腐蚀,有一定的结构强度。

(4)使用的安装工具少,快捷方便。

(5)施工中没有加热过程或化学反应过程,对周围环境没有污染和损害。

(6)当缺陷长度较长时,可进行连续修复。

2. 适用范围

(1)旧管道不密封段和接头接口不密封段。

(2)管壁破裂损坏。

(3)管道内生长植物根系侵入。

(4)环向裂缝和纵向裂缝。

(5)封堵不再需要的支线接口。

3. 工艺原理

不锈钢快速锁法是将专用不锈钢片拼装成环,然后通过扩充不锈钢圈将橡胶圈挤压到原管道缺陷部位后固定形成内衬的管道修复方法,该方法主要适用于 DN300 及以上管道的局部修复。不锈钢快速锁可由 304 或 316 不锈钢套筒、三元乙丙橡胶套和锁紧机构等部件构成,DN600 及以下的不锈钢套筒应由整片钢板加工成型,安装到位后通过特殊锁紧装置固定;DN600 以上的不锈钢套筒应由 2～3 片加工好的不锈钢环片拼装而成,在安装到位后通过专用锁紧螺栓固定。橡胶套为闭合式,橡胶套外部两侧应设有整体式的密封凸台(图 2-22)。

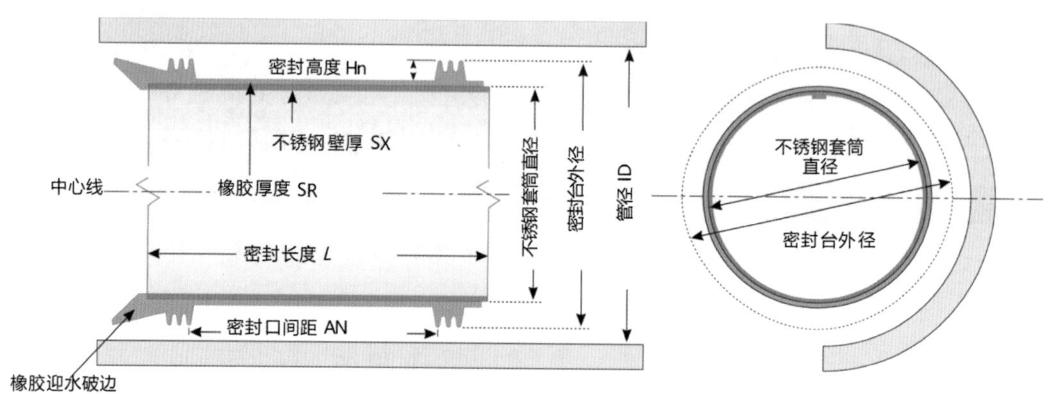

图 2-22　不锈钢快速锁安装状态示意图

4. 工程案例

待修复管道位于武汉市新洲区新龙街,该段管道为雨污合流管道,管道直径 DN800。经检测,管道存在多处破裂、腐蚀、异物穿入,严重影响管道的正常排污功能,于 2022 年 4 月

13 日对雨污合流管道进行人工异物穿入切割、不锈钢快速锁修复施工，如图 2-23 所示。

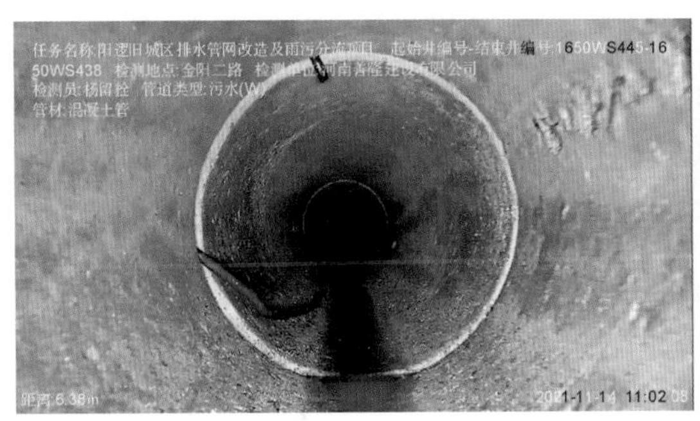

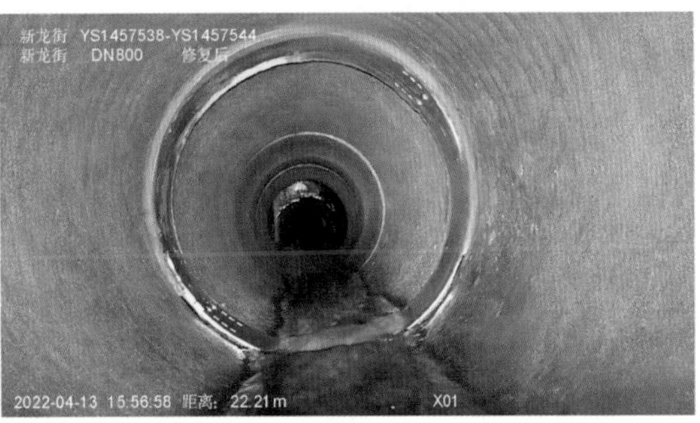

图 2-23　管道修复前(左)后(右)照片

第七节　点状原位固化法

1. 技术特点

点状原位固化法是指将经树脂浸透后的织物缠绕在修复气囊上，拉入到待修复位置，修复气囊充气膨胀后使树脂织物压黏于管道上，保持压力，待树脂固化后形成内衬筒的修复方法。该方法具有以下特点：

(1)整个内衬修复过程安全可靠，无须开挖修复。

(2)施工时间短，从树脂混合到玻璃纤维局部内衬修复完成仅需 1～2h。

(3)玻璃纤维局部内衬修复后的管壁光滑，可提高通水能力。

(4)常温固化，无须加热或紫外线等外辅助能量固化。

(5)具有抗化学能力，耐酸碱腐蚀，水密性强，黏结性高，有一定的柔韧性。

(6)特殊配方树脂，在潮湿或带少量水流情况下作业，玻璃纤维树脂会牢牢黏附在管面上。

(7)使用的设备体积小，安装、转移方便，一台面包车即可。

(8)施工中没有加热过程或化学反应过程，对周围环境没有污染和损害。

2. 适用范围

(1)管道不密封段和接头接口不密封段。

(2)旧管道中有水，仍可固化(专用的树脂和玻纤)。

(3)管壁损坏和管道轴向偏移。

(4)管道内生长植物根系侵入。

(5)环向裂缝和局部纵向裂缝。

(6)封堵不再需要的支线接口。

(7)管体呈现碎片状(会导致管道承载力不足)。

3. 工艺原理

点状原位固化法是先用树脂将玻璃纤维织物浸透,再将玻璃纤维织物包在管道内衬修补器上送至管道损坏处,在 CCTV 的监控下,通过对修补气囊进行充气膨胀,将其与管壁相贴,待其固化后形成内衬管的局部修复技术,其原理如图 2-24 所示。

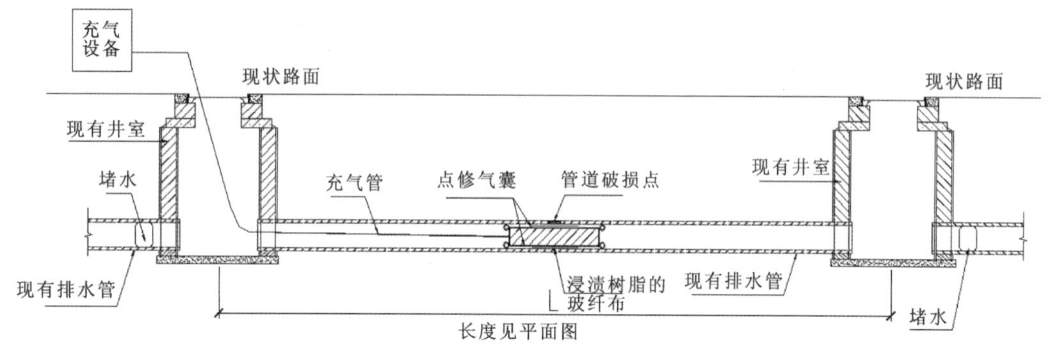

图 2-24 点状原位固化法原理图

4. 工程案例

待修复管道是位于武汉市新洲区阳逻经济开发区金阳二路的 DN400 污水干管,该管段存在多处接口材料脱落,极易发展成渗漏缺陷。经专家论证,决定采用点状原位固化法。管道位置如图 2-25 所示。

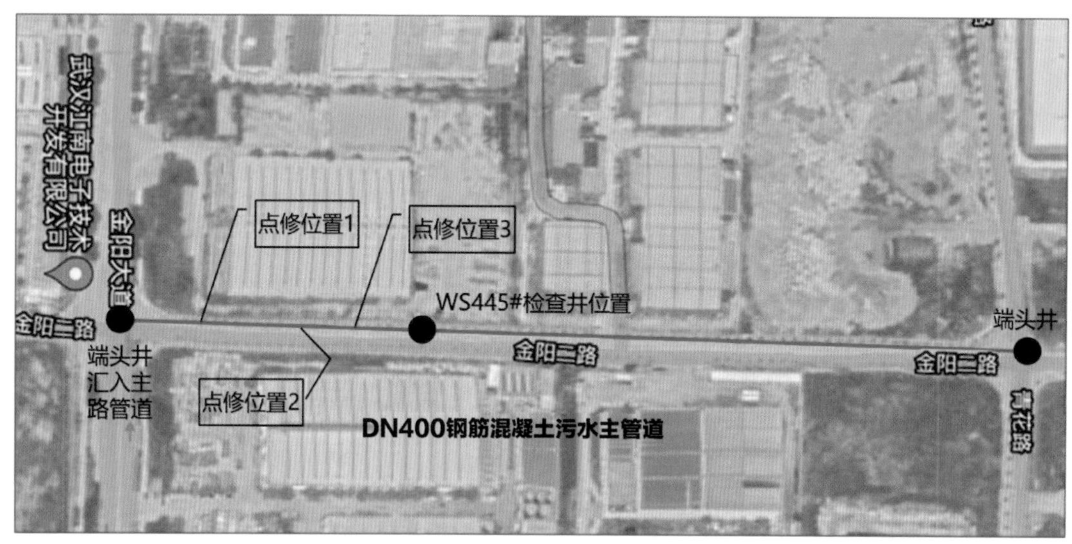

图 2-25 管道位置图

采用点状原位固化法修复后,管道接口材料脱落得到改善,避免了后续可能发生的渗漏。修复前后对比如图 2-26 所示。

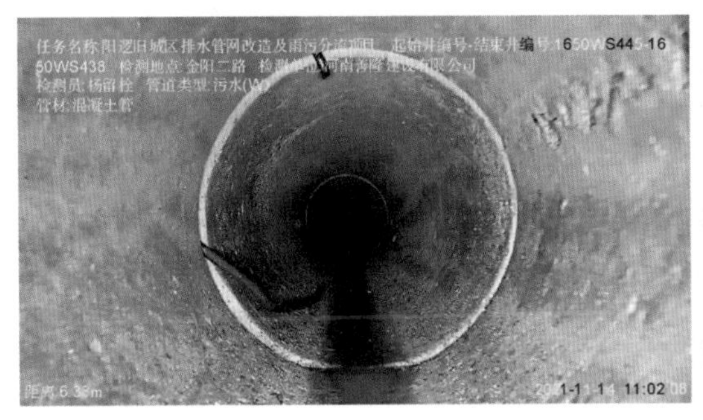

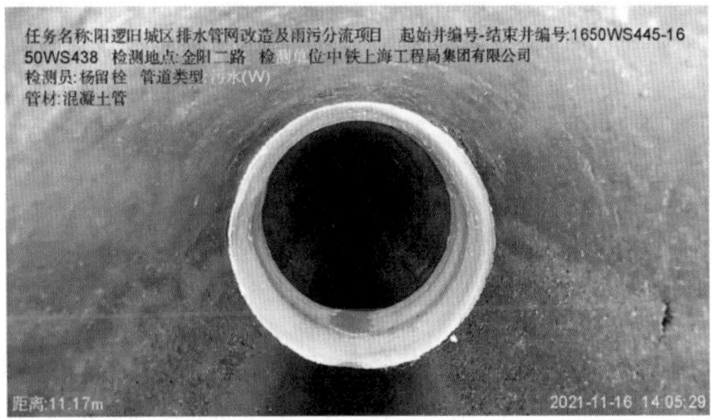

图 2-26　管道修复前(左)后(右)对比

第八节　碎(裂)管法

1.技术特点

碎(裂)管法是指采用碎(裂)管设备从内部破碎或割裂原有管道,将原有管道碎片挤入周围土体形成管孔,并同步拉入新管道的方法。

(1)碎(裂)管法相比开挖法具有施工速度快、效率高、价格优势、对环境更加有利、对地面干扰少等优势。

(2)与其他管道修复方法相比,碎(裂)管法的最大优势在于它是唯一能够采用大于原有管道直径的管道进行更换,从而增加管线的过流能力和承载能力的施工方法。研究表明,碎(裂)管法工艺非常适合更换管壁腐蚀超过壁厚 80%(外部)和 60%(内部)的管道。

(3)碎(裂)管法的局限包括:需要开挖地面进行直观连接;不适用于膨胀土内层的管道更换;需对局部塌陷进行开挖施工以穿插牵拉绳索或拉杆;需对进行过点状修复的位置进行处理;对于严重错口的原有管道,新管道也将产生严重错口现象;需要开挖起始工作坑和接收工作坑。

2.适用范围

碎(裂)管法最早是 19 世纪 70 年代在英国发展起来的,该方法起初主要用于更换小直径的(75mm 和 100mm)的铸铁天然气主管道,后来相继用于自来水和重力管道的更换。到 1985 年,该法进一步发展能更换外径达 400mm 的 MDPE 污水管。美国使用该法进行管道更换的米数每年以 20%的速度增长,大部分用于更换污水管道。

碎(裂)管法能用于较宽的管道直径范围和各种地层条件。根据美国非开挖中心制定的 *Guidelines for Pipe Burstiing* 中的规定:典型的管道直径范围是 50～1000mm,理论上碎(裂)管法更换管道的直径是没有限制,但受成本和地面沉降或震动的影响,目前碎(裂)管法更换管道的最大直径为 1200mm。碎(裂)管法一般用于等直径管道更换或增大直径管道更换。更换管道直径大于原有管道直径 30%的施工是比较常见的。扩大原有管道直径 3 倍的管道更换施工已经成功进行,但需要更大的回拖力,并可能出现较大的地表隆起。

气动碎管法可能会损坏邻近的管道或引起地表的隆起，因此当邻近的管线距离小于0.8m或埋深小于0.8m时建议不要使用该方法，如要采用该方法应采取相应的保护措施。美国国家非开挖中心制定的*Guidelines for Pipe Burstiing*中规定当地面距离管道轴线的距离大于管道直径2～3倍时，是不可能引起地面位移的。

3.工艺原理

采用碎(裂)管设备从内部破碎或割裂原有管道，将原有管道碎片挤入周围土体形成管孔，并同步拉入新管道的管道更新方法。

碎(裂)管法根据动力源可分为静拉碎(裂)管法和气动碎管法两种工艺。静拉碎(裂)管法是在静力的作用下破碎原有管道或通过切割刀具切开原有管道，然后再用膨胀头将其扩大，如图2-27所示；气动碎管法是靠气动冲击锤产生的冲击力作用破碎原有管道，如图2-28所示。

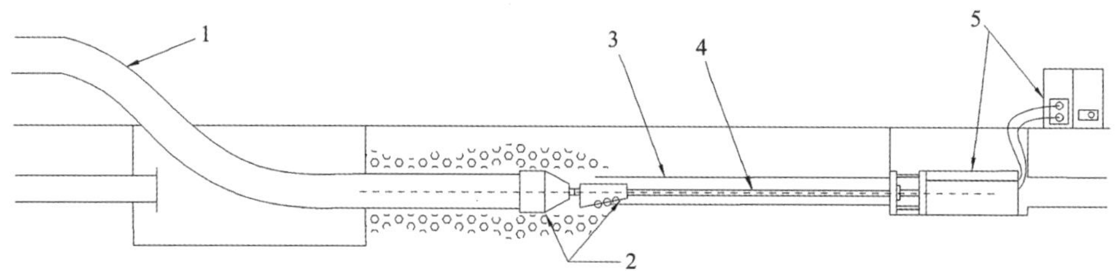

1.内衬管；2.静压碎(裂)管工具；3.原有管道；4.拉杆；5.液压碎(裂)管设备

图2-27　静拉碎(裂)管法示意图

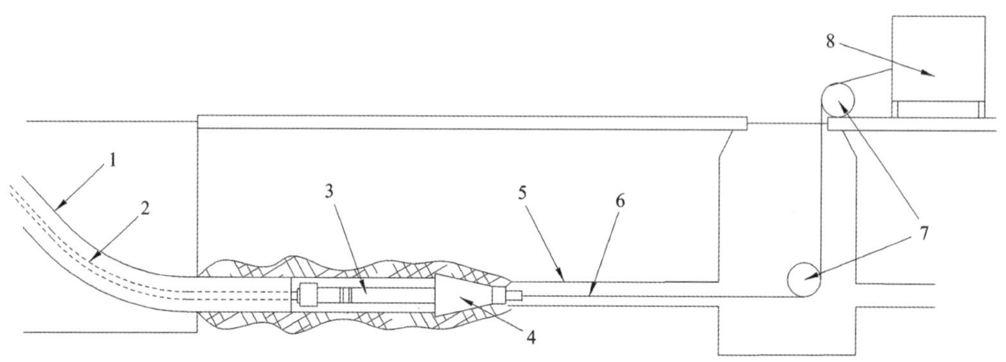

1.内衬管；2.供气管；3.气动锤；4.膨胀头；5.原有管道；6.钢丝绳；7.滑轮；8.液压牵引设备

图2-28　气动碎管法示意图

4.工程案例

厦门市海旺路DN300混凝土污水管道，总长65m，埋深2.5m，管道检测显示管道塌陷、腐蚀、堵塞现象严重，不能正常运行，采用胀裂管法拉入DN300HDPE进行修复(图2-29)。

图 2-29　裂管法施工

第九节　注浆堵漏加固法

1. 技术特点

采用水泥基类、硅化浆液或高聚物材料对管道(渠)周边土体进行加固和止水的修复方法称为注浆堵漏加固法。注浆堵漏加固法根据注浆位置可分为地面注浆和管内注浆。地面注浆是指从地面打入注浆管将浆液注入管道渗漏部位进行堵漏的技术，一般采用水泥基类的注浆材料，当管道埋深较深时，往往难以保证注浆液集中在管道渗漏部位，由于其不确定性，往往需要大量的浆液，且效果不是很明显，因此在一些大口径且埋深较深的管道中应用较少。管内注浆是指从管道内部将浆液注入周围土体以达到注浆止水目的。管内注浆适用于可进人的大口径管道渗漏注浆，为了提高注浆效率，往往采用反应更快的树脂类的注浆材料。管内注浆往往可以起到明显的堵漏效果，同时在一些大型箱涵、隧道中也可应用。

2. 注浆材料

1)速派克聚氨酯注浆材料

速派克聚氨酯注浆材料可用于各类建筑设施的止水堵漏以及各类地下工程的止水和空洞填充等，如各类地下结构漏点封堵、隧洞涌水治理、地下空洞及采空区填充等。聚氨酯注浆材料根据化学成分分为 3 类：双组分聚氨酯树脂，组分 A 为聚醚/聚酯多元醇、催化剂和其他助剂构成的混合物，组分 B 为异氰酸，固化后形成聚氨酯刚性或弹性的固结体或泡沫；单组分聚氨酯树脂，聚氨酯预聚体与周围环境及建筑结构中的水分或潮气反应形成聚氨酯树脂弹性体或泡沫；双组分聚氨酯无机复合树脂，组分 A 为多元硅酸盐，组分 B 为异氰酸酯。

速派克聚氨酯注浆材料具有以下特点：

(1)聚氨酯注浆材料注入地层或结构裂隙、空洞后，与水发生反应，体积急剧膨胀，从而将渗漏通道堵塞，而泡沫体本身不透水，因此实现有效堵水。同时，膨胀压力有助于将松散土体挤密并固结在一起，有利于土体的稳定。

(2)优异的穿透性、适宜的凝胶时间。聚氨酯材料可根据现场环境，精确调节注浆材料的黏度和凝结时间，从而达到最佳的使用效果。聚氨酯注浆材料的黏度可以在较大范围内调节，从而适应各种渗透系数的土壤，如低黏度的浆液对地基缝隙、微孔隙进行有效渗透，因此即使很小的渗漏通道都可以堵住。

(3)优良的耐久性和机械特性。聚氨酯注浆材料与岩土体基层形成固结体后的抗压强度、抗剪切力高，在地下水环境、干湿、冻融交变等环境条件下，力学性能变化小。一般化学注浆材料与地下水反应后形成亲水性固结体，在凝胶中会有较多的自由水，强度较低，并极易受冻融等外界环境变化的影响，致使固结体强度等性能变差。而速派克聚氨酯注浆材料与水分反应后形成憎水性固结体，内部几乎不会有水，因此它不会受干湿环境、冻融交变的影响，也不会因失水而发生收缩，因此堵水完成后不易发生复漏。

(4)在地下环境中，聚氨酯反应后形成的泡沫体性能稳定，可稳定使用50年以上。

2)速派克H100高效堵水材料

速派克H100是一种单组分、疏水性的聚氨酯材料，遇水迅速反应，发泡膨胀，主要用于构筑物裂缝堵漏，涌水堵漏效果明显。

该材料与水反应发泡膨胀，短期内膨胀量可达20倍，在裂缝中形成密闭的防水体系，可根据工程需要调节固化时间(调节催化剂含量)，涌水环境下效果明显，反应后的防水体耐酸碱和有机溶剂，耐化学腐蚀性好，为无溶剂体系。应用范围包括构筑物裂缝的堵漏、检查井井壁堵漏、管道接口渗漏堵漏、隧道掌子面稳固、管片接口防水、地下构筑物施工缝堵漏。

3)速派克GT350弹性聚氨酯堵水材料

速派克GT350是一种MDI基单组分亲水型、低黏度聚氨酯注浆止水材料。材料注入裂隙或孔隙后，与水迅速反应并发泡膨胀，形成的弹性泡沫体可实现永久的止水效果，用于各类构筑物裂隙、孔隙、伸缩缝等止水。

该材料具有如下特点：①单组分树脂易施工，与水反应后的泡沫体充分挤占既有孔隙，形成良好的水密效果；②树脂黏度随着反应的发生迅速升高，并且反应速度还可通过催化剂加速；③可以单组分注入使用或与自身体积2倍以下清水混合注入使用；④发泡倍数4.5～7倍；⑤形成的泡沫体具有很好的柔性，非常适合伸缩缝、沉降缝等部位的止水；⑥形成的泡沫体对环境无害，并且可以抵御各类生物降解。

为应对需要加快反应速度的情况，现场应准备一定数量的专用催化剂(速派克Gen Acc)，在使用前用力将速派克Gen Acc晃动几次后再以2%～10%的比例掺入速派克GT350树脂中，将添加剂与树脂充分搅拌均匀，同时避免水汽和雨水进入树脂，以免造成树脂快速反应。

加过催化剂的树脂应在一天内使用完成。

4)速派克 H40 注浆加固材料

H40 是一种单组分、疏水性的聚氨酯材料，遇水反应，主要用于土壤固化以及砂质地层的地基加固等。

材料性能：①适用于富水环境中地层加固；②化学性能稳定，形成的固结体抗压强度可以达到 12MPa；③耐酸碱性和有机溶剂，耐化学腐蚀性好，适用于海水以及污水工程，确保长期止水；④无溶剂体系。

3. 工程案例

昆山市周庄延河岸检查井渗漏注浆堵漏工程。根据检测情况，周庄延河岸检查井井室腐蚀老化，井壁、井底多处漏水流入管道，导致污水厂 COD 浓度降低。经检测待修复检查井及井壁存在严重渗漏缺陷(图 2-30、图 2-31)，形成了检查井与河流的互通通道。

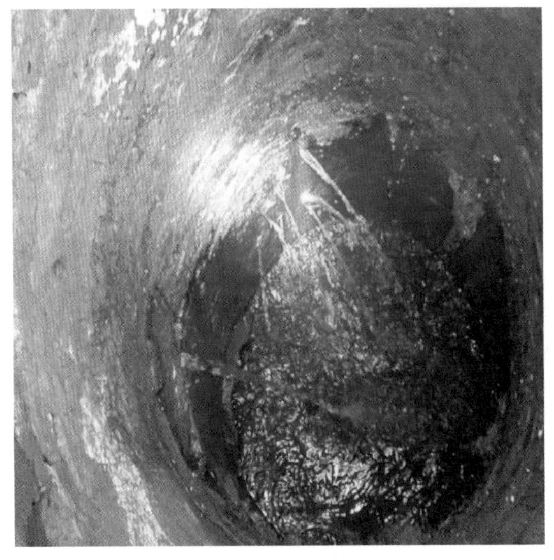

图 2-30　井壁渗漏照片(1)

图 2-31　井壁渗漏照片(2)

为避免后期污水厂污水收集的 COD 指标不达标，本工程对井室渗漏部分采用速派克 H100 灌浆技术进行注浆止水，并对所有检查井采取离心喷筑井盾内衬修复技术进行防腐、防渗及结构加强修复。

根据图 2-30、图 2-31 可知，井壁河水渗漏进入检查井，渗漏处呈现水压大、流速大、流量大的特点。针对该缺陷，采用检查井外止水帷幕施工工期较长、成本较高，采用常规堵漏材料难以满足要求。因此，经过综合比选，采用 SPETEC 注浆技术在检查井内进行堵漏施工，随后采用离心喷筑井盾内衬修复技术对砖砌检查井进行二次修复加固。修复后的效果如图 2-32所示。

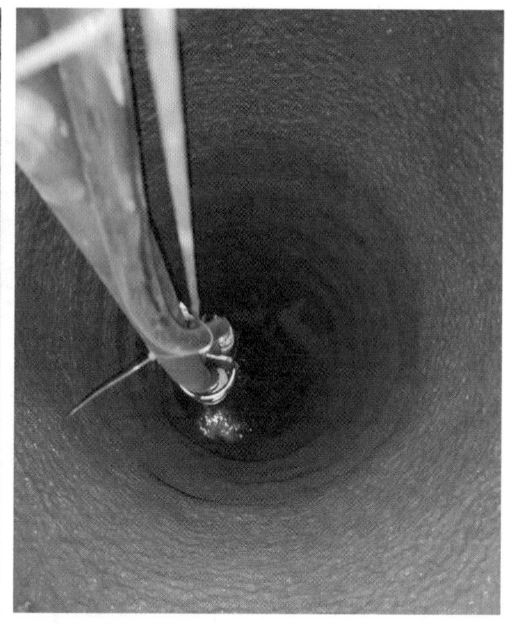

图 2-32　修复后效果

第十节　垫衬法

1. 技术特点

垫衬法是采用不开挖的方式进行修复，不破坏原有管道周边的环境，仅利用检查井便可进行施工作业，占地面积小，安全措施较少，无需人员进入施工管道，操作简单。经垫衬法修复后的管道，结合了热塑性塑料的柔韧性、延展性、耐腐蚀等优点和混凝土强度高的特点，将原有管道变成了一个刚柔相济的结构，以此保护管道不被污水或硫化氢、氨气等气体腐蚀，提高了耐久性，延长了结构使用寿命。

2. 适用范围

(1)适用于波纹管、钢筋混凝土管、钢管、砌石管、砖砌管道等原管道材质。

(2)适用于雨水管、污水管、工业废水管、箱涵等修复工程；直径在 300mm 以上的各种管道的衬砌；断面为圆形、椭圆形或特殊几何形状的管道。

(3)适用于排水管道局部和整体修理。

(4)适用于弯曲、错口的复杂管道的修复。

3. 工艺原理

垫衬法是通过检查井将带有锚固键的塑格垫作为内衬管，通过牵引方法置入原有管道内，在内衬管与原有管道之间的环形空隙中注浆，使原有管道重生的修复方法。浆料固化后，内衬管与管道内壁结合在一起，形成新的管道结构，起到防渗、防腐蚀和加固的作用(图2-33)。

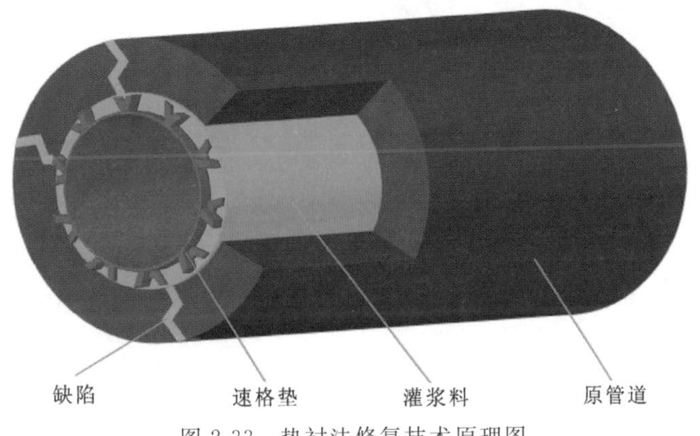

图 2-33　垫衬法修复技术原理图

内衬管在其背面增加锚固键是很有必要的，它作为与旧管的支撑，与旧管壁构成的环状空间用灌浆材料填充。

针对不同的结构，可通过多层内衬的组合达到结构所需的总厚度，同时形成多道设防、控制渗漏的管壁结构。

4. 工程案例

修复工程位于深圳市南山区南山海德三路，春茧体育馆人行天桥正下方，无法采用开挖更新，故采用非开挖方法进行修复。工程管道为市政雨水管，波纹管 DN800。工程存在问题：现场对管道进行了检测，根据《城镇排水管道检测与评估技术规程》(CJJ 181—2012)进行评估，离检查井 2m 处存在破裂严重、局部塌陷、管内泥砂沉积量较大等缺陷，如图 2-34～图 2-35所示。施工过程及修复前后效果如图 2-36～图 2-38 所示。

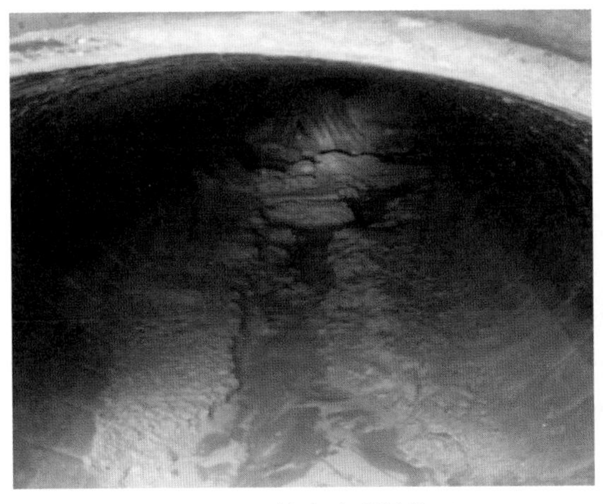

图 2-34　管内破裂塌陷(1)

图 2-35　管内破裂塌陷(2)

图 2-36　施工过程图

图 2-37　修复前照片

图 2-38　修复后效果

第十一节　机械制螺旋缠绕法

1. 技术特点

机械制螺旋缠绕法是一种排水管道非开挖内衬整体修复技术。该技术通过螺旋缠绕的方法在旧管道内部将带状型材通过公母锁扣物理咬合的方式不断前进形成新的管道，新管道完全卷入旧管道后，通过扩张紧贴旧管壁或在新旧管之间注浆形成新管。

机械制螺旋缠绕法内衬管分为独立结构管和复合管两种。独立结构管是指新管完全不依靠原有的管道强度，单独承担所有的负载；复合管是指新管承担部分负载，另一部分负载由新旧管之间的结构注浆承担。机械制螺旋缠绕法内衬修复技术按照工艺分为扩张法和固定口径法。

机械制螺旋缠绕法具有可带水作业、占地面积较小、组装便捷、施工速度快、施工机动灵活等优点，适合在复杂地理环境下施工，适合长距离的管道修复。一般情况下，受型材厚度的影响，原管道直径会缩小5%～10%。但是，由于管道修复后内壁光滑，粗糙系数低，整体输送能力损失很小。施工可在通水的情况下作业，水流30%以下时均可正常作业。新管道与原有管道之间可不注浆或注浆。在排水管道非开挖修复中，机械制螺旋缠绕法通常与土体注浆技术联合使用。

2.适用范围

(1)适用于管材为球墨铸铁管、钢筋混凝土管等大部分材料的雨污排水管道的整体修复。

(2)适用于大型的矩形箱涵或不规则排水管道的整体修复。

(3)扩张法适用于管径300～800mm排水管道的整体修复；固定口径法适用于管径600～3000mm排水管道局部和整体修复。

(4)适用于管道结构性缺陷呈现为破裂、错口、脱节、渗漏、腐蚀，且接口错口应小于或等于3cm，管道基础结构基本稳定、管道线形无明显变化。

(5)适用于管道内壁局部沙眼、露石、剥落等病害的修复。

(6)适用于管道接口处在渗漏预兆期或临界状态时预防性修复。

(7)不适用于管道基础断裂、管道破裂、管道脱节呈倒栽式状、管道接口严重错口、管道线形严重变形等病害的修复。

(8)不适用于检查井的修复。

3.工艺原理

机械制螺旋缠绕法按工艺分为扩张法和固定口径法。

(1)扩张法。该工艺是将工厂预制的PVC带状型材，通过现有检查井输送并安装在井内的专用缠绕机上，通过公母锁扣搭接的方式先缠绕一条比原管道略小的新管，缠绕的同时在锁扣内放入预置钢线并注入专用硅胶。新管到达接收检查井后，末端固定，拉动预置钢线，钢线将副锁扣切断，当型材只剩一个主锁扣连接的时候，就可以顺着锁扣自由滑动；同时起始井处型材继续不断输入，由于末端固定，只能径向扩张，直到新管紧紧地贴在原有管道的内壁上。

(2)固定口径法。固定口径法按照施工工艺主要分为钢塑增强型技术和机头行走型技术。钢塑加强型技术的缠绕设备安装在检查井内，施工时，设备不动，新管在原管道内旋转缠绕前行，缠绕的过程中带状聚氯乙烯(PVC - U)型材公母锁扣互锁，并将不锈钢带压在互锁处，直至新管到达下一检查井。

4.工程案例

滨海西大道项目位于厦门市集美区滨海西大道，为DN1200mmHDPE增强管，长度117.3m，通过对滨海西大道排水管道进行CCTV管道检测，检测后发现，目前该段污水管道存在明显坍塌变形、漏水等结构性缺陷。项目修复的重点、难点：①管道长期高水位（约

80cm)运行,无法彻底排干管道内的水;②检查井位于主干道上,作业时间受限,只能在夜间交通不繁忙的时候进行修复作业;③原管道病害为变形,需要内衬管的强度足够,避免原管道再变形(图 2-39、图 2-40)。

图 2-39　修复前

图 2-40　带水修复作业

滨海西大道项目修复前,根据项目的重点和难点,我们对施工单位提出了如下要求:①内衬后管道的环刚度要求不小于 6kN/m²;②每日的作业时间为晚 23 点至第二天早晨 6 点之间,中间有突发情况需要临时撤场。

施工时,上游泵站临时停泵后,原管道内水位降至约 30cm,施工单位安装缠绕设备后,施工作业人员撤至地面后,泵站开泵 1h,拉低水池内水位,施工作业人员再下井作业,需要开泵排水时再撤离,通过泵站与施工单位的密切配合,在保证人员安全、泵站不跑冒的情况下,利用 3d 时间带水 30cm 完成了缠绕修复作业。受作业时间限制,其间型材多次截断与再连接(图 2-41)。

报告编号:2018(C)12037　　　　**共 2 页 第 2 页**

序号	检验项目	技术要求	检验结果	单项判定	检验方法
/	环刚度,kN/m²	≥6	11.4	合格	GB/T 9647-2015

注:1、工程名称:滨海西大道污水管网非开挖修复工程;

2、监理单位:厦门协诚工程管理咨询有限公司;

3、见证时间:2018.11.01;

4、使用部位:DN1200污水管道。

(以 下 空 白)

国家化学建筑材料测试中心 材料测试部 测试专用章

图 2-41　环刚度检测报告

第十二节　管片内衬法

1. 技术特点

将片状型材在原有管道内拼接成一条新管道，并对新管道与原有管道之间的间隙进行填充的管道修复方法称为管片内衬法。管片内衬法的最大特点是通过目测来确定注浆的程度。该方法通过注入高强度的水泥浆液将 PVC 塑料模块和原有管道相结合形成复合管道，提高原有管道的耐压强度、防腐能力和使用寿命。该方法技术特点如下：

(1)适用于管径大于 800mm 的管道修复，管道的形状可为圆形、马蹄形、门形以及渠箱等。

(2)PVC 模块的体积小，质量轻，施工方便。

(3)不需要大型的机械设备进行安装，适用于各种施工环境。

(4)井内作业采用气压设备，保证作业面，安全施工。

(5)使用透明的 PVC 制品，目视控制灌浆材料的填充，保证工程质量。

(6)可以进行弯道施工，可以对管道的上部分和下部分分别施工，可以从管道的中间向两端同时施工，缩短工期。

(7)出现紧急状况时，随时可以暂停施工。

(8)粗糙度系数小，能够确保保修前原有管道的流量。

(9)强度高，修复后的管道破坏强度大于修复前的管道强度，满足全结构修复的强度要求。

(10)PVC 材质抗腐蚀性强，能够大幅度延长管道使用寿命。

(11)施工时间短，噪声低，不影响周围环境和居民生活。

(12)化学稳定性强，耐磨性能好。

(13)产品的安装过程中不产生任何污染物，属于绿色施工。

2. 适用范围

管片内衬法适用范围见表 2-1。

表 2-1　适用范围

项目	适用范围	备注
可修复对象管	钢筋混凝土管	—
可修复尺寸	圆形管：直径 800～2600mm	2600mm 以上也可
	矩形：1000mm×1000mm～1800mm×1800mm	1800mm 以上也可
施工长度	无限制	—

续表 2-1

项目	适用范围	备注
施工流水环境	水深 25cm 以下	直径 800～1350mm 的水深为 15cm 以下
管道接口纵向错位	直径的 2%以下	
管道接口横向错位	150mm 以下	—
曲率半径	8m 以上	—
管道接口弯曲	3°以下	—
倾斜调整	可调整高度在直径的 2%以下	—
工作面	组装时 $30m^2$ 以上，注浆时 $35m^2$ 以上	最小工作面 $22.5m^2$

3. 工艺原理

该方法采用的主要材料为 PVC 材质的模块和特制水泥注浆料，通过螺栓将塑料模块在管内连接拼装，然后在原有管道和拼装而成的塑料管道之间注入特种砂浆，使新旧管道连成一体，形成新的复合管道，达到修复破损管道的目的(图 2-42)。

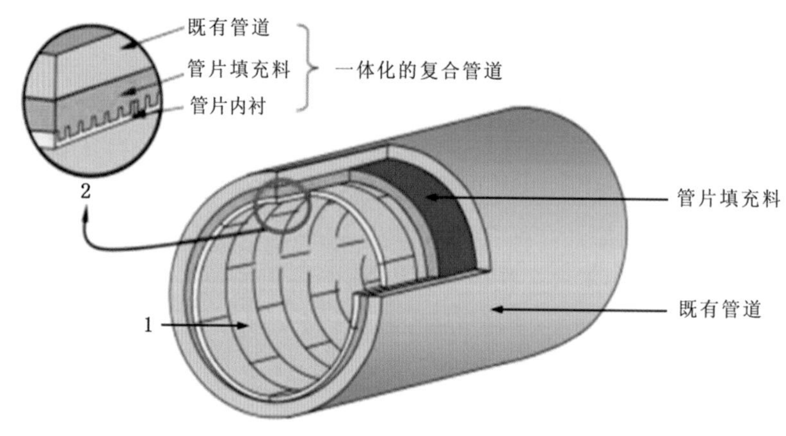

1. 完整的管片内衬；2. 管片内衬原理图

图 2-42　管片内衬工艺示意图

4. 工程案例

上海奉贤 DN1350 污水管道进行修复，原有污水管为钢筋混凝土管，经过检测后，发现管道内部出现多处腐蚀、变形、渗漏等缺陷，因此采用管片内衬管道修复技术。通过塑料模块拼装、地面注浆操作，在不完全封路情况下，施工周期 5d 内完成修复。修复前后管道情况分别如图 2-43、图 2-44 所示。

图 2-43　管道渗漏

图 2-44　管片内衬效果

第十三节　短管内衬法

1. 技术特点

短管内衬法是在完全不开挖的情况下，利用检查井，将经过特殊加工的短管在检查井内连接后送到原管道内，并对新、旧管道之间的空隙进行填充的一种管道修复技术。短管一般采用高密度聚乙烯(HDPE)管材。

(1)该方法是将适合尺寸的 HDPE 管置入待修复的原管道，可形成“管中管”结构。也可以充分利用 HDPE 管本身具备的直埋管道特性，实现结构修复。

(2)HDPE 短管连接采用子母扣设计，管材容易加工、接口方便操作，并辅以胶圈和密封胶，可有效保证修复后管道的整体严密性。

(3)该技术使用设备体积小、质量轻，短管连接简单、方便，可随时间断施工，最大限度减小对交通和运行的影响。

(4)HDPE 管内壁光滑(曼宁系数为 0.009)，修复混凝土管道时，对流量影响不大。

(5)HDPE 管耐腐蚀、耐磨损，可延长管道的使用寿命达 50 年。大幅度降低综合成本，提高管道的使用寿命。

(6)配合胀管器或割管牵引头可实现短管胀插法施工。

2. 适用范围

(1)短管内衬法适用于管道老化、内壁腐蚀脱落甚至局部丧失结构功能的 DN200～600 排水管道修复。

(2)短管一般比原管道直径缩小一级，断面损失较大，所以如原管道已满负荷运行且同一区域内无另外同功能管道，不建议采用此缩径工艺。

(3)短管胀插工艺可实现扩径或微缩径修复。

(4)短管内衬法修复技术可作为设施抢险抢修的应急方法。

3. 工艺原理

短管内衬法是穿插法管道修复技术的延伸,穿插法是在原管道中置入一根新的管道,新管道独立或与原管共同承担原管道功能;但穿插法需要在原管道两端开挖工作竖井以使新管道整体拖入原管中。短管内衬法是在完全不开挖的情况下进行,利用原管道两端检查井作为工作竖井,一端井室用于放置牵拉设备,另一端井室将经过加工的 HDPE 短管通过人孔下至井室内,在井室内完成短管连接(必要时设置顶推装置),通过两端配合操作,将连接好的管道拖动至所需位置。新管就位后用水泥浆对新、旧管道之间的空隙进行填充,以保证管道稳固和周围结构安全。短管内衬法可分为 A 法、B 法和 C 法,其原理图如图 2-45～图 2-47 所示。

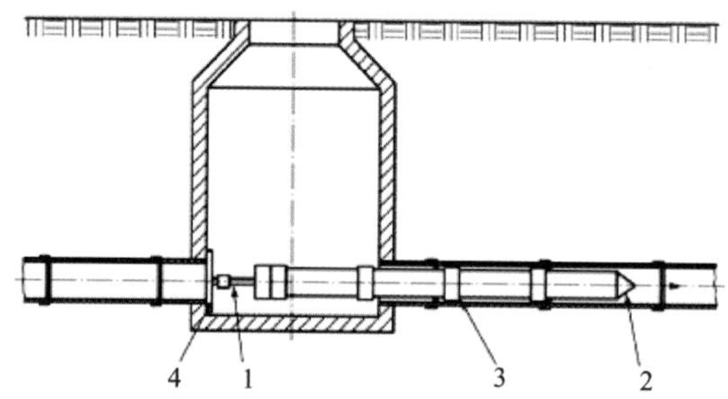

1. 顶推装置;2. 导向头;3. 拼接后的内衬管;4. 反力板

图 2-45　短管内衬法原理示意图(1)

(A 法:采用顶推方式将由短管连接成的内衬管连续置入原有管道内注:置入的非连续内衬管直径略小于原管道)

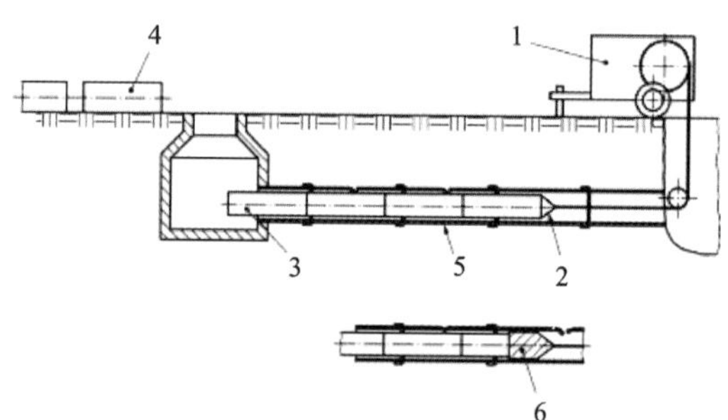

1. 卷扬机;2. 牵拉头;3. 连接后的具有端部承载能力的内衬管;4. 存放的短管;5. 原有管道;6. 具有复原功能的牵拉头

图 2-46　短管内衬法原理示意图(2)

(B 法:采用牵拉方式将由短管连接成的内衬管连续置入在原有管道内)

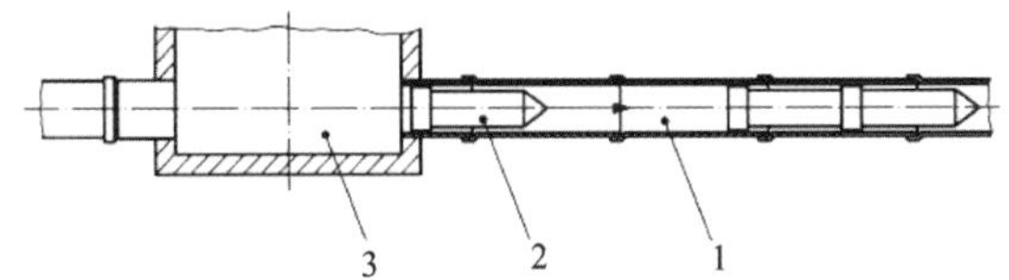

1. 原有管道；2. 单独离散管被拉入或推入到位；3. 检查井

图 2-47　短管内衬法原理示意图(3)

(C 法：采用顶推和牵拉方式将短管分段置入原有管道内后在安装成内衬管)

4. 工程案例

马官营南路污水管线为钢筋混凝土管道，管径为 600mm，埋深 5.3m，由于修建年代久远，管线及附属构筑物腐蚀老化严重(结构缺陷等级评定为四级)。现况马官营南路路宽 7m，道路两侧停车较多，交通量较大；道路两侧为居民住宅楼，对施工场地噪声控制要求高；现况污水管线周边交叉管线较多且距离较近。

综上条件，该工程设计选用短管内衬法工艺对原管道进行更新改造。短管内衬法工艺对于施工场地条件要求较低、准备工作较少、环境污染低，内衬管对周边管线无任何影响，并可以解决结构性缺陷。修复时在原管道插入高密度聚乙烯 DN560(PE100)实壁管短节，由于 HDPE 具有优异的耐磨性能且管道的摩阻系数小，管线不会因原管道内穿插 PE 管直径变小而影响输送能力。施工过程如图 2-48 所示。

图 2-48　施工过程图

第三章　非开挖修复技术的选择

第一节　非开挖修复技术

排水管道非开挖修复的基本目的是采用少开挖或不开挖地表的修复技术对损坏的排水管道进行局部或整体修复，使其恢复原有功能。

1. 常用非开挖修复技术

排水管道非开挖修复的方法有很多，随着科学技术的进一步发展，以后也会有更多的技术被采用。目前，行业内常用排水管道非开挖修复按技术可分为翻转式原位固化法、紫外光原位固化法、原位热塑成型法、水泥基材料喷筑法、不锈钢双胀环法、不锈钢快速锁法、点状原位固化法、碎（裂）管法、注浆堵漏加固法、机械制螺旋缠绕法、垫衬法、短管内衬法、管片内衬法等。

2. 非开挖修复技术分类

（1）按修复目的可分为止水型和恢复强度型两类。①止水型非开挖修复技术是指因管道的破裂、错口、脱节、渗漏、腐蚀等原因致外来水渗入管道内，并有泥砂随着流水流入时将外来水流及泥砂止住。②恢复强度型非开挖修复技术是指当管道的破裂、渗漏、腐蚀等因素致使管道自身丧失了原有的强度时，恢复管体强度。

（2）按修复范围可分为辅助修复、局部修复和整体修复 3 个大类。表 3-1 为常用排水管道非开挖修复技术分类一览表（按修复部位）。①辅助修复主要针对排水管道外部进行处理，它对修复管道的稳定和防止道路路面的沉降作用较大，多为各种非开挖修复的前期处理工艺，通常作为一种辅助修复方法而与其他修复技术配合使用。②局部修复是对旧管道内的局部破损、接口错口、局部腐蚀等缺陷进行修复的方法。如果管道本身质量较好，仅出现少量局部缺陷，采用局部修复比较经济。此外，部分破损严重管道在进行整体修复前也需要对破坏严重节点预先进行局部修复，修复后的接口视情况也可能进行一定的局部修复处理。③整体修复是对两个检查井之间的管段整段加固修复，适用于管道内部严重腐蚀、接口渗漏点较多，或管道的结构遭到多处损坏的管道。采用整体修复，可以使管道达到修旧如新的效果。

表 3-1　非开挖修复技术分类(按修复部位)

修复类型	修复方法
辅助修复	注浆堵漏加固法
局部修复	不锈钢快速锁法
	不锈钢双胀环法
	点状原位固化法
整体修复	翻转式原位固化法
	垫衬法
	紫外光原位固化法
	原位热塑成型法
	水泥基材料喷筑法
	碎(裂)管法
	机械制螺旋缠绕法
	短管内衬法
	管片内衬法

(3)按照施工工艺,排水管道非开挖修复技术可分为喷涂类、穿插管类、原位固化法、现场制管类。①喷涂类是指在管道内以人工或机械喷涂方式,将水泥基类、环氧树脂类、聚脲脂类等材料喷涂在管道内表面形成内衬管的修复方法。②穿插管类是指采用牵拉、顶推、牵拉结合顶推的方式将新管直接置入原有管道空间,并对新的内衬管和原有管道之间的间隙进行处理的管道修复方法。③原位固化法是指采用翻转或牵拉方式将浸渍树脂的内衬软管置入原有管道内,经常温、热水(汽)加热或紫外照射等方式固化后形成管道内衬的修复方法。④现场制管法是指在管道内、工作井内或地表将片状或板条状材料制作成新管道置入原有管道空间,必要时对新的内衬管和原有管道之间的间隙进行适当处理的管道修复方法。现场制管法包括垫衬法、管片法、机械制螺旋缠绕法等。

第二节　非开挖修复方法特征

随着城市发展和排水管道检测与非开挖技术的日趋成熟及普及,检测评估和非开挖修复技术在排水管道维修中得到了愈加广泛的应用,并且从严重损坏后的抢修逐步向预防性修复发展,从而对管道修复方案设计提出了更高的要求,需要正确判断,把握修复的条件和技术要求,合理选择修复对象和修复方法。不同的非开挖修复技术有着不同的适用情况,在工程上需根据具体情况具体分析,非开挖修复方法的技术特征及适用范围如表 3-2 和表 3-3。

表 3-2　排水管道常用非开挖修复技术特性及适用范围

修复形式	修复工艺	材料	材料力学性能	材料承载性能	适应缺陷类型	适用管径及管材	工艺优缺点	应用程度
整体修复	翻转式原位固化法	以无纺布为载体的树脂制成的软管	弯曲弹性模量：2000～3000MPa；壁厚：壁厚较薄，断面损失较小	无纺布为载体的树脂为主要受力结构	各种缺陷：管道错口会导致内衬管表面轻微不平整	管径：DN 150～2200；管材：各种管道；可修复矩形管涵	热水固化，内部不可视，施工操作技术要求高，施工人员经验比较重要	应用成熟，沿海江浙地区应用较多
	垫衬法	高分子材料，灌浆料	高分子材料模量较低，断面损失大	灌浆材料为主要受力结构	各种缺陷：管道错口会导致内衬管表面轻微不平整	管径：DN≥300mm；管材：各种管道；可修复矩形管涵	灌浆可自流，灌浆或压力灌浆，施工效率高，施工技术人员经培训即可满足要求	应用成熟，国内近年在广东、湖北、江西、湖南、甘肃等地均有应用
	紫外光原位固化法	浸透树脂的玻璃纤维布制成的增强软管	弯曲弹性模量：6500～18 000MPa；壁厚：壁厚薄，断面损失小	纤维增强的内衬管为主要受力结构	各种缺陷：管道错口会导致内衬管表面轻微不平整	管径：DN 200～1800；管材：各种管道；可修复矩形管涵	紫外光固化，固化过程可视，安装简单，施工效率高	应用成熟，国内近年来普遍应用，尤其四川、北京、安徽、广东、福建应用较多
	热塑成型法	特种高分子材料	弯曲弹性模量：2000～3000MPa；壁厚：壁厚较薄，断面损失较小	热塑成型的内衬管为主要受力结构	各种缺陷，尤其适用存在轻微错口、变径、起伏的管道	管径：DN 150～1200；管材：各种管材	材料无物理变化，施工前后性能稳定，施工效率高	应用成熟，优点突出，是比较具有竞争力的一种技术

续表 3-2

修复形式	修复工艺	材料	材料力学性能	材料承载性能	适应缺陷类型	适用管径及管材	工艺优缺点	应用程度
整体修复	水泥基材料喷筑法	纤维增强特种砂浆	抗压强度：约60MPa；壁厚厚，断面损失大	纤维增强砂浆结构层为主要受力结构	各种缺陷	管径：DN300以上；管材：混凝土类管、陶土管；可修复矩形管涵	可喷涂较大厚度，满足大管径结构性修复要求，一次喷涂厚度有限，较厚设计时需要多次喷涂	应用成熟
	碎(裂)管法	PE管	曲弹性模量需不小于600MPa	拉入的内衬管为主要受力结构	各种缺陷	HDPE波纹管、混凝土管道、陶土管、PE管道	整体修复，需要工作坑	应用成熟，小口径管道应用较多
	机械制螺旋缠绕法	PVC-U型材＋钢带（视需要）	PVC-U型材弹性模量大于2000MPa；不锈钢带弹性模量大于193GPa	PVC-U型材和钢带共同承载	各种缺陷，错口和变形会引起管径损失	管径：DN300以上；管材：各种管材	可带水作业，施工可随时中断，内衬管道自身强度高	应用成熟
局部修复技术	点状原位固化法	玻璃纤维、树脂	弯曲弹性模量：大于6500MPa；壁厚薄，断面损失小	纤维增强树脂结构层为主要受力结构	各种缺陷	管径：DN 300～1000；管材：各种管材	使用快，遇较大渗漏需要先堵水	应用成熟，小口径管道应用较多
	双胀圈修复法	304或316不锈钢、橡胶圈	壁厚薄，断面损失较小	不锈钢条为主要受力结构	不适应变形、承载力不够时的修复	管径：DN800及以上	设备简单，无需用电，安装方便快捷；管道渗漏时必须注浆	应用成熟，大口径管道应用较多
	不锈钢快速锁法	304或316不锈钢、橡胶圈	壁厚薄，断面损失较小	不锈钢为主要受力结构	不适应于错口缺陷的修复	管径：DN 600～1800；管材：各种管材	设备简单，无需用电，安装方便快捷	应用成熟，大口径管道应用较多

表 3-3　不同缺陷等级排水管道修复方法选择建议表

<table>
<tr><th rowspan="2">序号</th><th rowspan="2" colspan="2">缺陷类别</th><th colspan="4">修复措施</th></tr>
<tr><th>Ⅰ级</th><th>Ⅱ级</th><th>Ⅲ级</th><th>Ⅳ级</th></tr>
<tr><td>1</td><td colspan="2">支管暗接</td><td colspan="4">开挖修复</td></tr>
<tr><td rowspan="2">2</td><td rowspan="2" colspan="2">变形(包含塌陷)</td><td colspan="2">点修:点状原位固化法</td><td rowspan="2" colspan="2">开挖修复,对于DN800,如不便开挖,可经预处理使管道复原后采用整体非开挖修复</td></tr>
<tr><td colspan="2">整修:热塑成型修复或紫外光固化法</td></tr>
<tr><td rowspan="4">3</td><td rowspan="4">错口</td><td rowspan="2">DN≤600</td><td colspan="2">点修:点状原位固化法</td><td colspan="2">开挖修复</td></tr>
<tr><td colspan="2">整修:原位热塑成型法</td><td colspan="2">开挖修复</td></tr>
<tr><td rowspan="2">DN≥600</td><td colspan="2">点修:点状原位固化法</td><td colspan="2">开挖修复</td></tr>
<tr><td colspan="2">整修:紫外光固化法</td><td colspan="2">开挖修复</td></tr>
<tr><td rowspan="2">4</td><td rowspan="2">异物穿入(只进行点修)</td><td>DN≤800</td><td colspan="4">铣刀机器人切割清除+点状原位固化法(如管道穿入,暂不修复,需业主确定产权后确定处理方案)</td></tr>
<tr><td>DN≥800</td><td colspan="4">人工切割清除(或铣刀机器人清除)+不锈钢快速锁法(如管道穿入,暂不修复,需业主确定产权后确定处理方案)</td></tr>
<tr><td rowspan="2">5</td><td rowspan="2" colspan="2">腐蚀</td><td colspan="4">点修:点状原位固化法</td></tr>
<tr><td colspan="4">整修:原位热塑成型法或紫外光固化法或管盾浇筑法或垫衬法或机械制螺旋缠绕法(根据原管材及实际情况选取)</td></tr>
<tr><td rowspan="4">6</td><td rowspan="4">破裂不变形、坍塌</td><td rowspan="2">DN≤600</td><td colspan="4">点修:点状原位固化法</td></tr>
<tr><td colspan="4">整修:原位热塑成型法或机械制螺旋缠绕修复(扩张型)</td></tr>
<tr><td rowspan="2">DN≥600</td><td colspan="4">点修:不锈钢快速锁法</td></tr>
<tr><td colspan="4">整修:紫外光固化法或机械制螺旋缠绕法</td></tr>
<tr><td>7</td><td colspan="2">起伏(只进行整修)</td><td colspan="2">原位热塑成型法或紫外光固化法</td><td colspan="2">开挖修复</td></tr>
<tr><td rowspan="2">8</td><td rowspan="2" colspan="2">渗漏不发生错口、变形</td><td colspan="4">点修:化学注浆堵漏(渗漏严重时)+不锈钢快速锁法</td></tr>
<tr><td colspan="4">整修:化学注浆堵漏(渗漏严重时)+原位热塑成型法或紫外光固化法</td></tr>
<tr><td rowspan="2">9</td><td rowspan="2" colspan="2">脱节不发生错口</td><td colspan="4">点修:化学注浆(渗漏严重时)+不锈钢快速锁法</td></tr>
<tr><td colspan="4">整修:化学注浆(渗漏严重时)+原位热塑成型法或紫外光固化法</td></tr>
<tr><td rowspan="4">10</td><td rowspan="4">接口材料脱落不发生错口</td><td rowspan="2">DN≤600</td><td colspan="4">点修:点状原位固化法</td></tr>
<tr><td colspan="4">整修:原位热塑成型法</td></tr>
<tr><td rowspan="2">DN≥600</td><td colspan="4">点修:不锈钢快速锁法</td></tr>
<tr><td colspan="4">整修:紫外光固化法</td></tr>
</table>

注:4～10项缺陷均以不发生错口、变形为前提。

第三节　修复技术方案的选择程序

由于非开挖修复技术的局限性，排水管道能否采用非开挖修复技术修复应对需修复管道损坏情况、所处环境和修复后能达到的功能等进行综合考虑，修复前需进行管道信息收集、损坏检测和评估、修复技术选择等程序。

1. 选择原则

(1)管道的荷载要求必须满足。

(2)管道修复后的流量与原设计流量基本一致。

(3)管道养护的技术标准不降低。

(4)管道内有 3 处以上损坏的，一般情况下建议对管道进行整体修复。

(5)管道修复是否需要开挖施工应根据现场情况综合评估后确定。

(6)管道结构性修复更新后的设计使用年限不得低于 50 年。

(7)利用原有管道结构进行半结构性修复的管道，其设计使用年限应按原有管道的剩余设计使用期限确定，混凝土管道的最长设计使用年限不宜超过 30 年。

2. 基本要求

(1)非开挖修复管道的适用性。非开挖修复技术并不适用于所有损坏管道的修复，目前还不能对管道线型进行整形，如存在接口错口过大或柔性管变形量大等情况，必须采用开挖翻新。

(2)修复后确保排水能力、满足管道疏通养护要求。修复后的断面排水能力一般应满足设计排水量，故应核算修复后的排水能力，当不能满足时，应当提出弥补缺失流量的措施，否则应采用开挖方法进行翻排更新。如选用的修复技术使养护单位无法进行养护的，则应另选修复技术，如需特种设备的，则应建议配置。

(3)现场条件符合非开挖修复要求。当地下埋设管线、交通状况、周围环境等因素不具备开挖施工条件，而符合非开挖修复条件时，可在满足修复后管道流量要求的前提下，优先考虑采用非开挖修复技术。

(4)修复技术的整体经济优越性。在开挖或非开挖修复技术都可选择的情况下，工程费用是决定修复方法的重要指标，修复工程造价主要有修复工程的建造安装费用，周边设施设备的监测、保护、临迁、恢复等费用，此外，还应适当考虑社会稳定可能发生的费用。

3. 选择程序

根据管道结构性缺陷评估结论，并结合管道使用年龄、发生事故的概率和事故的影响程度，综合判断管道的修复必要性和优先级别，并根据具体情况确定采取预防性修复、开挖修复，还是非开挖修复。需明确的是，非开挖修复在现阶段仍属于非常规管道更新技术，在使用上依然存在着一定的局限性，对于管道自身及周边环境有着一定的要求，如需采用，必须经过数个判别条件后才能确定选取，其判断流程如图 3-1 所示。

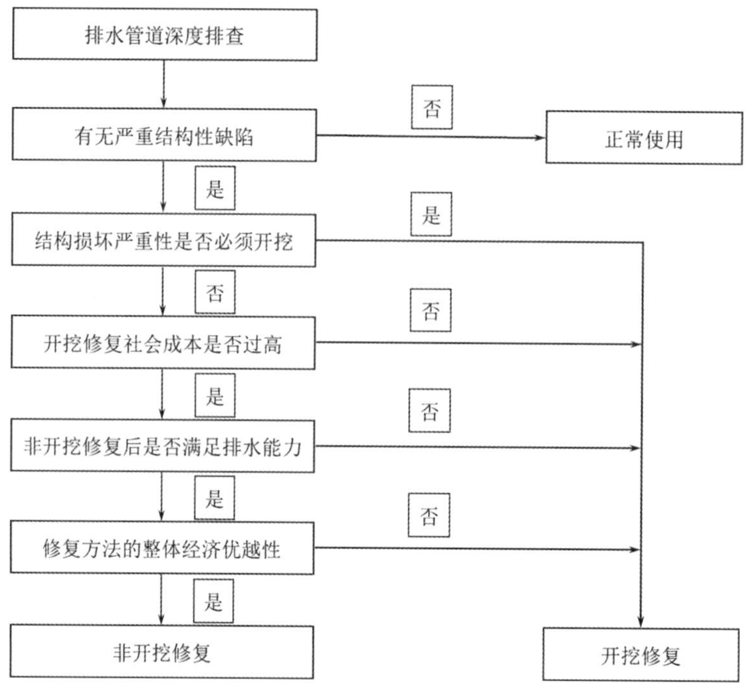

图 3-1　选择修复方法程序示意图

第四章　内衬设计

第一节　基本要求

非开挖修复工程设计前应详细调查原有管道的基本概况、工程地质和水文地质条件、现场施工环境。

应按现行行业标准《城镇排水管道检测与评估技术规程》(CJJ 181—2012)的有关规定对原有管道的缺陷进行检测与评估。当管段结构性缺陷等级大于Ⅲ级时，应采用结构性修复；当管段结构性缺陷类型为整体缺陷时，应采用整体修复。

非开挖修复工程的设计应符合下列规定：

(1)当原有管道地基不满足要求时，应进行处理。

(2)修复后管道的结构应满足受力要求。

(3)修复后管道的过流能力应满足要求。

(4)修复后管道应满足清疏技术对管道的要求。

第二节　设计依据

地下管道设计的目的是形成一系列的计算公式，把管道所承受的地下水压力、土压力、地面活荷载和其他需要考虑的外部荷载考虑在内。从材料力学的观点来看，研究结构的力学性能主要指标是应力、应变、变形和稳定。屈曲破坏是典型的失稳破坏，其往往具突发性和灾害性。屈曲破坏由于可能在应力没有达到屈服强度时发生，常作为结构设计的标准，尤其是在管道和内衬管一样的细长结构中。实践经验也表明，地下的圆柱形结构(如管道)在外部荷载作用下，通常情况下为屈曲破坏。ASTM 标准中内衬管的设计也是以屈曲理论为设计基础的。

参照《城镇排水管道非开挖修复更新工程技术规程》(CJJ/T 210—2014)相关内容，本指南采用“半结构性修复”和“结构性修复”来描述内衬管的设计分类。半结构性修复是指新的内衬管在设计寿命之内与原管道共同承受外部的静水压力、外部土压力和活荷载。结构性修复是指修复后形成的内衬管或内衬管与原有管道、注浆浆体形成的复合结构应能承受外部静水压力、土压力和活荷载作用。

在实际应用中，为保证修复管道的安全性，推荐采取全结构性内衬管，并通过半结构性修复的方法进行校核，最终确定修复内衬管的厚度、环刚度等参数。

第三节　内衬管设计

1. 一般规定

非开挖修复工程内衬管与新建埋地管道的受力区别很大，修复后埋地管道所受荷载主要由原有管土系统进行支撑，内衬管随后的变形可以认为非常微小，如果在长期、足够压力的作用下，且周围约束不足，内衬管可能会发生变形，继而发生严重的屈曲失效。因此，对非开挖修复工程柔性内衬管的设计应采用屈曲破坏准则，对半结构性内衬管的设计以 Tnnoshenko 等的屈曲理论为基础，考虑长期蠕变效应，Timoshenko 屈曲方程中的弹性模量被改为长期弹性模量。另外还考虑了安全系数和椭圆度的影响。

2. 半结构性修复设计

当采用翻转式原位固化法、紫外光原位固化法、原位热塑成型法进行管道半结构性修复时，内衬管最小壁厚应符合下列规定：

(1)内衬管壁厚应按下列公式计算：

$$t=\frac{D_0}{\left[\frac{2KE_LC}{PN(1-\mu^2)}\right]^{\frac{1}{3}}+1} \tag{4-1}$$

$$C=\left[\frac{\left(1-\frac{q}{100}\right)}{\left(1+\frac{q}{100}\right)^2}\right]^3 \tag{4-2}$$

$$q=100\times\frac{(D_E-D_{\min})}{D_E}\text{或}q=100\times\frac{(D_{\max}-D_E)}{D_E} \tag{4-3}$$

式中：t 为内衬管壁厚(mm)；D_0 为内衬管管道外径(mm)；K 为圆周支持率，推荐取值为 7.0；E_L 为内衬管的长期弹性模量(MPa)，宜取短期模量的 50%；C 为椭圆度折减系数；P 为内衬管管顶地下水压力(MPa)，地下水水位的取值应符合现行国家标准《给水排水工程管道结构设计规范》(GB 50332—2002)中的有关规定；N 为安全系数，取 2.0；μ 为泊松比，原位固化法内衬管取 0.3，PE 内衬管取 0.45；q 为原有管道的椭圆度(%)，可取 2%；D_E 为原有管道的平均内径(mm)；$D_{\min}$ 为原有管道的最小内径(mm)；$D_{\max}$ 为原有管道的最大内径(mm)。

(2)当内衬管管道位于地下水水位以上时，原位固化法内衬管 SDR 不得大于 100。

(3)当内衬管椭圆度不为零时，内衬管的壁厚除应满足式(4-1)外，其最小值不应小于式(4-4)计算结果：

$$1.5\frac{q}{100}\left(1+\frac{q}{100}\right)\mathrm{SDR}^2-0.5\left(1+\frac{q}{100}\right)\mathrm{SDR}=\frac{\sigma_L}{PN} \tag{4-4}$$

$$\mathrm{SDR}=\frac{D_0}{t} \tag{4-5}$$

式中：SDR 为管道的标准尺寸比；σ_L 为内衬管材的长期弯曲强度（MPa），宜取短期强度的 50%。

3. 结构性修复设计

当采用翻转式原位固化法、紫外光原位固化法、热塑成型法进行管道结构性修复时，内衬管最小壁厚应符合下列规定。

（1）内衬管壁厚应按下列公式计算：

$$t=0.712D_0\left[\frac{\left(\frac{N\times q_t}{C}\right)^2}{E_L\times R_w\times B'\times E'_s}\right]^{\frac{1}{3}} \tag{4-6}$$

$$q_t=0.009\ 81H_w+\frac{\gamma\times H_s\times R_w}{1000}+W_s \tag{4-7}$$

$$R_w=1-0.33\times\frac{H_w}{H_s} \tag{4-8}$$

$$B'=\frac{1}{1+4e^{-0.213H}} \tag{4-9}$$

式中：q_t 为管道总的外部压力（MPa），包括地下水压力、上覆土压力以及活荷载；R_w 为水浮力系数，最小取 0.67；B' 为弹性支撑系数；E_s' 为管侧土综合变形模量（MPa），可按现行国家标准《给水排水工程管道结构设计规范》（GB 50332—2002）的规定确定；H_w 为管顶以上地下水水位高（m）；γ 为土的重度（kN/m^3）；H_s 为管顶覆土厚度（m）；H 为管道敷设深度（m）；W_s 为活荷载（MPa），应按现行国家标准《给水排水工程管道结构设计规范》（GB 50332—2002）的规定确定。

（2）内衬管最小壁厚还应满足下式：

$$t\geqslant\frac{0.197\ 3D_0}{E^{\frac{1}{3}}} \tag{4-10}$$

式中：E 为内衬管初始弹性模量（MPa）。

结构性修复内衬管的最小厚度还应同时满足式（4-6）和式（4-10）的要求。

4. 机械制螺旋缠绕法修复设计

当采用内衬管贴合原有管道机械制螺旋缠绕法半结构性修复时，内衬管最小刚度系数应按下列公式计算：

$$E_LI=\frac{P(1-\mu^2)D^3}{24K}\cdot\frac{N}{C} \tag{4-11}$$

$$D=D_0-2(h-\overline{y}) \tag{4-12}$$

式中：E_L 为内衬管的长期弹性模量（MPa）；I 为内衬管单位长度管壁惯性矩（mm^4/mm）；D 为内衬管平均直径（mm）；K 为圆周支持率，推荐取值为 7.0；h 为带状型材高度（mm）；$\overline{y}$ 为带状型材内表面至带状型材中性轴的距离（mm）；μ 为泊松比，取 0.38。

当采用内衬管不贴合原有管道机械制螺旋缠绕法半结构性修复时，内衬管与原有管道间的环状空隙应进行注浆处理，且内衬管最小刚度系数应按下式计算：

$$E_L I=\frac{PND^3}{8(K_1^2-1)C} \tag{4-13}$$

$$\sin K_1\frac{\varphi}{2}\cos\frac{\varphi}{2}=K_1\sin\frac{\varphi}{2}\cos K_1\frac{\varphi}{2} \tag{4-14}$$

式中：φ 为未注浆角度，如图 4-1 所示。

K_1 为与未注浆角度 φ 相关的系数，K_1 取值与未注浆角度的关系应符合表 4-1 的规定。

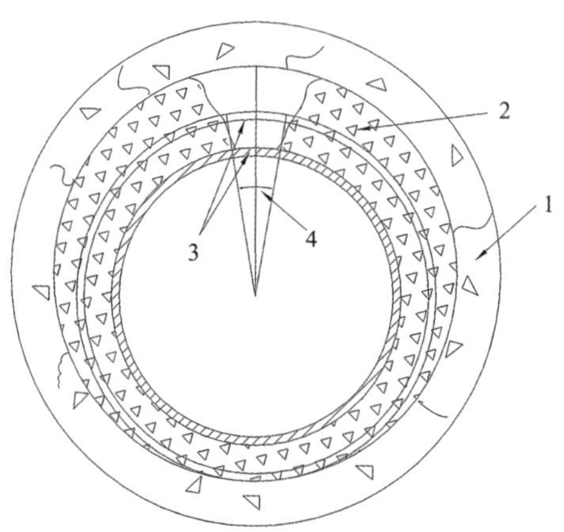

1. 原有管道；2. 浆体；3. 螺旋缠绕内衬管；4. 未注浆角度

图 4-1　未注浆角度示意图

表 4-1　K_1 取值与未注浆角度的关系

2φ/(°)	10	20	30	40	50	60	70	80	90
K_1	51.5	25.76	17.18	12.9	10.33	8.62	7.4	6.5	5.78
2φ/(°)	100	110	120	130	140	150	160	170	180
K_1	5.22	4.76	4.37	4.05	3.78	3.54	3.34	3.16	3.0

当采用内衬管贴合原有管道机械制螺旋缠绕法结构性修复时，最小刚度系数应按下式计算：

$$E_L I=\frac{(q_t N/C)^2 D^3}{32R_w B' E'_s} \tag{4-15}$$

当采用内衬管不贴合原有管道机械制螺旋缠绕法结构性修复时，应对环状空隙注浆，并应确认内衬管、注浆体和原有管道组成的复合结构能承受作用在管道上的总荷载。

当采用机械制螺旋缠绕内衬法进行结构性修复时，内衬管最小刚度系数 ELI 还应同时满足式(4-11)的要求。

5. 碎(裂)管法修复设计

当采用碎(裂)管法修复管道时，应按新建管道的要求设计管道壁厚，新管道 SDR 的最大取值应符合表 4-2 的规定。

表 4-2　新管道 SDR 的最大取值

覆土深度/m	SDR
0～5.0	21
＞5.0	17

第四节　水力计算

管道内衬修复后，过流断面会有不同程度的减小，但是内衬管的粗糙系数较原有管道小，因此，管道经内衬修复后的过流量一般可以满足原有管道的设计流量要求，或者大于原有管道的设计流量。内衬管能够很好地改善原有管道的过流性能，其主要原因在于光滑和连续的内表面减小了管壁对流体的摩擦作用。通常情况下，管道内流量应按下式计算：

$$Q=0.312\frac{D_E^{\frac{8}{3}}\times S^{\frac{1}{2}}}{n} \tag{4-16}$$

式中：Q 为管道的流量(m^3/min)；D_E为原有管道平均内径(m)；S 为管道坡度，垂直高差和水平位移的比值；n 为管道的粗糙系数。

修复后管道的过流能力与修复前管道的过流能力的比值应按下式计算：

$$B=\frac{n_e}{n_i}\times\left(\frac{D_I}{D_E}\right)^{\frac{8}{3}}\times 100\% \tag{4-17}$$

式中：B 为管道修复前后过流能力比；n_e为原有管道的粗糙系数；D_I为内衬管管道内径(m)；n_i为内衬管的粗糙系数。

部分管材的粗糙系数可按表 4-3 取值。

表 4-3　粗糙系数参考取值表

管材类型	粗糙系数 n
原位固化内衬管	0.010
PE 管	0.009
PVC-U 管	0.009
垫衬法内衬管	0.010
混凝土管	0.013
砖砌管	0.016
陶土管	0.014

注：本表所列粗糙系数是指管道在完好无损的条件下的粗糙系数。如果管道受到腐蚀或破坏等，其粗糙系数会增加。

第五节　工作坑设计

当需开挖工作坑时，工作坑的位置应符合下列规定：

(1)工作坑的坑位应避开地上建筑物、架空线、地下管线或其他构筑物。

(2)工作坑不宜设置在道路交汇口、医院入口、消防队入口处。

(3)工作坑宜设计在管道变径、转角或检查井处。

当工作坑较深时，应按现行国家标准《给水排水管道工程施工及验收规范》(GB 50268—2008)的有关规定设计放坡或支护。

第五章　施　工

第一节　基本要求

施工前应取得安全施工许可证，并应遵循有关施工安全、劳动防护、防火、防毒的法律和法规，建立安全生产保障体系。

施工前应编制施工组织设计，施工组织设计应按规定程序审批后执行。

施工设备应根据工程特点合理选用，并应有总体布置方案，对于不宜间断的施工方法，应有满足施工要求备用的动力和设备。

当管道内需采取临时排水措施时，应符合下列规定：

(1)应按现行行业标准《城镇排水管渠与泵站运行、维护及安全技术规程》(CJJ 68—2016)的有关规定对原有管道进行封堵。

(2)当管堵采用充气管塞时，应随时检查管堵的气压，当管堵气压降低时，应及时充气。

(3)临时降水，当管内上、下游有压力差时，对上游临时抽排以降低压力差和对管堵进行支撑。

在质量检验、验收中使用的计量器具和检测设备，应经计量检定、校准合格后方可使用。

第二节　施工准备

1.现场勘查

施工前应进行现场调查研究，并对建设单位提供的工程沿线的有关工程地质、水文地质和周围环境情况，以及沿线地下与地上管线、周边建(构)筑物、障碍物及其他设施的详细资料进行核实确认。

2.管道检测

对须修复的排水管道进行结构和功能性检测，通过检测直观地了解排水管道结构和功能状况，为排水管道修复施工提供决策依据。

3.施工组织编制

施工组织编制内容如下：①编制依据；②工程概况；③修复总体部署；④修复总体方案；⑤材料供应；⑥进度计划；⑦资源配置（设备、材料、劳力）；⑧质量保证措施；⑨安全保证措施；⑩环境保证措施；⑪文明保证措施。

4.安全生产许可证

施工单位在施工前必须取得安全生产许可证。

第三节　施工管理

1.施工管理

1)施工现场安全防范

(1)施工单位必须遵守国家和地方政府有关环境保护的法律、法规，采取有效措施控制施工现场的各种粉尘、废气、废弃物以及噪声、振动等对环境造成的污染和危害。

(2)施工单位必须遵守有关施工安全、劳动保护、防火、防毒的法律和法规，建立安全管理体系和安全生产责任制，确保安全施工。对高空作业、井下作业、水上作业、水下作业等特殊作业，制定专项施工方案。

(3)施工现场须设置醒目的施工铭牌、安全标志，配备纠察人员，施工区域全封闭，路口悬挂警示牌，夜间设置警示灯，保证足够的照明，做好安全用电。

(4)按确定的非开挖修复工法，进行现场、材料、施工环境、安全等各项准备，检查落实，严格按工艺施工，做好各监测点的变形、位移测量和报警，完成后做到工完料清。

(5)事先应做好各类突发事件的预案，发生问题时，应及时采取应对措施，防止事态扩大。

(6)确保用电、用水、高温和人员井下作业的安全防范措施与应急措施，在封拆头子、未经彻底清洗或采用可能有毒气体逸出施工工法的管道内作业时，应按《城镇排水管渠与泵站运行、维护及安全技术规程》(CJJ 68—2016)执行，确保生产安全。

有限空间作业、清淤检测、修复施工安全文明施工详见附件1。

2)材料与设备

(1)材料。工程所用的管材、管道附件、构(配)件和主要原材料等产品进入施工现场时必须进行进场验收并妥善保管。进场验收时应检查每批产品的订购合同、质量保证书、性能检测报告、使用说明书、进口产品的商检报告及证件等，并按国家有关标准进行复验，验收合格后方可使用。

(2)设备。排水管道电视和声呐检测使用的设备必须符合《排水管道电视和声呐检测评估技术规范》(DB31/T 444—2022)的要求。

在质量检查、验收中使用的计量器具和检测设备，应经计量检定、校准合格后方可使用，承担材料和设备检测的单位应具备相应的资质。

施工中使用的主要机械设备须进行专项检查，落实专人负责制，具有应急措施。

3)施工临时措施实施

(1)施工前先申请办理好临时占路、临时封堵管道、交通组织措施等相关手续。

(2)落实好临时排水措施及临泵设置工作。

4)降水清淤

管道降水清淤时须做好泵站配合工作，施工前须对管道内有毒、有害、易燃易爆气体进行检测和防范，所测数据必须为安全数值，穿戴好供压缩空气的隔离式防护装具后方可下井清淤。

降水清淤时，必要时，应同时采用临时堵塞渗漏点的措施，防止发生管道线型的突变。

5)地基加固和防渗处理

检查排水管道周围土体和接口部位，检查井底板和四周井壁，对地基进行加固和防渗处理，固化管道和检查井周围土体，填充因水土流失造成的空洞，增加地基承载力。

2. 工程质量及安全管理

1)工程施工质量管理

(1)主控项目。①内衬管材应进行进场检验要求。检查方法：检查产品质量合格证明书和检验报告。②所用修复材料的质量符合工程要求。检查方法：检查产品质量合格证明书。③内衬管符合设计要求。检查方法：每批次材料至少 1 次应在施工场地使用内径与修复管段相同的试验管道制作局部内衬。至少 2 次测试得到的圆环形样品的初始的弹性模量值。

(2)一般项目。①内衬厚度应符合设计要求。检查方法：逐个检查；在内衬圆周上平均选择 4 个以上检测点，使用测厚仪测量并取各检测点的平均值为内衬管的厚度值，其值不得少于合同书和设计书中的规定值。②管道内衬表面光滑，无褶皱，无脱皮，均符合要求。检查方法：目测并摄像或电视检测内衬管段，电视检测按《排水管道电视和声呐检测评估技术规程》(DB31/T 444—2022)。管内残余废弃物质已得到清除。③管道接口裂缝应严密，接口处理要贯通、平顺、均匀，均符合设计要求。检查方法：目测并摄像或电视检测内衬管段，电视检测按《排水管道电视和声呐检测评估技术规程》(DB31/T 444—2022)。

2)工程安全风险因素分析

须对工程范围内的地下管线、高压线、架空线分布情况，周边建(构)筑物、障碍物及其他设施情况，交通流量情况，排水管道内有毒、有害、易燃易爆气体检测情况等安全风险因素进行分析。

3)设计安全风险应对措施

(1)设计严格按照法律、法规、工程建设强制性标准,明确设计主要标准和技术指导,做好质量安全风险评估,实施优化及细化设计,科学确定设计施工方案。

(2)做好勘察设计现场服务,注重设计交底,在建设工程施工前,向施工单位和监理单位说明建设工程勘察、设计意图,解释建设工程勘察、设计文件,指导施工单位按照设计要求和相关技术标准进行施工,认真落实设计方案中的质量安全防护措施。

(3)积极配合工程施工,解决建设单位、施工单位提出的质量问题,做好设计变更和处理预算修改工作。

(4)施工中需严格按施工及验收中规定的工艺流程及要求执行,做好原材料的检测实验,各关键工序的检测报告及记录等工作。同时,施工过程中对处于沉降影响范围内的公用管线、建(构)筑物及路面需做好监测和保护措施,并在前期费中列入相关监测和保护费用。

(5)编制临时排水方案,需敷设临排管道并调配一定数量的水泵设备,以备急需之用;施工中排放的废水经过滤沉淀后再就近排入下水道,一用一备。

4)施工安全风险应对措施

(1)施工单位应建立安全管理体系,健全安全管理制度,加强安全生产教育,制定安全技术措施,改善施工作业条件,全面实行安全责任制,严格按照安全操作规程施工,订立安全协议,认真执行定期和不定期检查制度,发现安全隐患,及时纠正。

(2)加强对电气设备、机械设备的定期检查,确保其符合安全规范。

(3)做好施工场地及其周边建筑物,构筑物,地上、地下公用管线的保护工作,防止发生意外事故。

(4)工程施工时,项目经理和质量安全管理人员应当加强施工现场管理并监督施工单位对承揽工程的质量安全负责。

(5)施工单位必须按照设计图纸、技术标准、施工规范、施工方案明确的顺序进行施工。

(6)严格执行安全生产要求,认真落实设计方案中提出的专项质量安全防护措施,对工程的关键部位、关键环节、关键工序和危险性较大的分部、分项工程,必须制定专项施工方案,落实安全防护措施,确保施工安全。

5)消防安全措施

为了保证工程实施人员、运行管理人员的安全、卫生,必须采取足够的必要的安全措施,以及必要的消防安全措施。为了防止火灾的发生,或减少火灾发生造成的损失,根据“预防为主,防消结合”的方针,施工期间应采取防范措施。

(1)水消防与化学消防相结合,利用附近市政消火栓作为消防措施,以扑灭初期火灾。在扑救初期火灾的同时,相关管理人员应立即向附近的消防队发出报警信号以求得支持,防止火灾的蔓延。

(2)施工期间的电气设备应具备短路、过负荷、接地漏电等完备保护系统,防止电气火灾的发生。

3. 文明施工

文明施工是现代化施工的重要标志之一。加强文明施工管理，提高施工管理水平，对保证工程质量、保障人身和财产安全、维护城市环境整洁、减少施工对市民生活的影响具有重要意义。

1)文明施工实施目标

科学管理、质量创优、安全达标、创建文明工地。

2)文明施工方针政策

严格遵守《中华人民共和国防汛条例》和《上海市排水管理条例》，做到"集中施工、快速施工、文明施工"。

在各工法形成过程中，贯彻国家节能工程的相关要求，达到节能环保功效。

3)组织措施

(1)成立综合治理领导小组，加强文明施工的督促、管理工作。

(2)根据企业管理标准、国家及省市规定、业主要求，结合工程的具体情况制定《文明施工实施细则》，以细则的各项具体规定作为统一和规范全体施工人员的行为准则。

(3)坚持每周 1 次例会。

(4)在施工人员中牢固树立"创一流工程、洒一路新风"的优质服务观念。

4)综合管理措施

二通：施工现场人行道畅通，施工工地沿线单位和居民出入通道畅通。

三无：施工中无管线事故，施工中无重大工伤事故，施工现场周围道路平整无积水。

五必须：施工区域与非施工区域必须严格分隔；施工现场必须设置施工铭牌，管理人员佩卡上岗，各类语言文字使用规范；施工现场施工材料必须堆放整齐，生活设施清洁文明，环境整洁；施工现场必须严格按规定控制噪声、扬尘和泥浆处理；施工现场必须开展以创建文明工地为主要内容的思想政治工作。

5)施工现场环境布置措施

(1)在施工现场设置施工铭牌，标明工程名称、工程内容、开工及竣工日期，工程主要负责人及施工现场负责人监督电话。接受社会监督，参与共建文明工地。

(2)施工区设置护栏及警示标志，应做到牢固、整齐、连续。余土堆土高度不超过 1.5m。

6)施工现场控制措施

(1)施工前要办好交底卡，开挖前先摸清地下管线资料、管线走向，并开挖样洞，遇到地下管线有标高差异，及时与有关部门联系，并协商解决，不准擅自损坏其他地下管线。

(2)施工前应对周边地下管线和建筑物进行认真调查,设置相关的沉降和水平位移监测点,以及浆液观测点,严格控制注浆压力,防止因注浆压力控制不当造成周边公用管线和建筑物损坏。

(3)制定周密完善的封堵和临排措施,保证施工路段沿线单位、小区排水畅通。

(4)施工现场及修复设备用护栏围绕,保证牢固整齐。余土不乱堆放,及时清理工作坑内的积水,将其抽入雨、污水管内,或采取行之有效的措施,不得随意排污至路面。

(5)空压机开挖路面不得超过规定分贝,减少噪声以利于周围居民的晚间休息。

(6)修理污水管不得把污水临排到雨水管内。必须铺设临管吊排到下游污水管内或利用污水管网连通的条件倒逼排水并附设临泵强逼倒排。

(7)完工后必须做到工完料尽场地清,及时通知修路单位修复路面。

4.环境保护

为了保护施工现场周边生活环境和生态环境,防止污染和其他公害,"以人为本",保障人体健康,减少施工对市民生活环境的影响具有重要意义。

1)环境保护目标

在工程施工期间,对噪声、振动、废水、废气和固体废弃物进行全面控制,尽量减少这些污染排放所造成的影响。文明施工、保护文物、保护市政设施和绿化。

2)环境保护指标

在工程施工期间,噪声、振动、废水、废气和固体废弃物的影响满足国家和有关地方法规的要求,保护城市生态。

3)组织措施

(1)成立综合治理领导小组,加强施工现场环境保护。

(2)根据企业管理标准、国家省市规定、业主要求,结合工程的具体情况制定适应于此工程的《环境保护实施细则》,以细则的各项具体规定作为统一和规范全体施工人员的行为准则。

(3)委派专门的环境保护工作人员,全面负责项目的环境保护工作。

(4)加强环保教育和激励措施,把环保作为全体施工人员的上岗教育内容之一,提高环保意识。对违反环保的班组和个人进行处罚。

4)防止大气污染措施

(1)清理施工垃圾时使用容器吊运,严禁随意凌空抛撒造成扬尘。施工垃圾及时清运,清运时,适量洒水以减少扬尘。

(2)对施工道路进行硬化处理,并随时清扫洒水,减少道路扬尘。

(3)工地上使用的各类柴油、汽油机械执行相关污染物排放标准,不使用气体排放超标的机械。

(4)易飞扬的细颗粒散体材料尽量库内存放,如露天存放,则应严密苫盖。运输和卸运时防止遗洒飞扬。

(5)搅拌站设封闭的搅拌棚,在搅拌机上设置喷淋装置。

(6)在施工区禁火焚烧有毒、有恶臭物体。

5)防止水污染措施

(1)办公区、施工区、生活区合理设置排水明沟和排水管,道路及场地适当放坡,做到污水不外流,场内无积水。

(2)在搅拌机前台及运输车清洗处设置沉淀池。排放的废水先排入沉淀池,经二次沉淀后,方可排入城市排水管网或回收用于洒水降尘。

(3)未经处理的泥浆水,严禁直接排入城市排水设施和河流。所有排水均要求达到国家排放标准。

(4)临时食堂附近设置简易有效的隔油池,产生的污水先经过隔油池,平时加强管理,定期掏油,防止污染。

(5)在厕所附近设置砖砌化粪池,污水均排入化粪池,当化粪池满后,及时通知环卫处,由环卫处运走化粪池内的污物。

(6)禁止将有毒有害废弃物用作土方回填,以免污染地下水和环境。

6)防止施工噪声污染措施

(1)作业时尽量控制噪声影响,对噪声过大的设备尽可能不用或少用。在施工中采取防护等措施,把噪声降低到最低限度。

(2)对强噪声机械(如搅拌机、电锯、电刨、砂轮机等)设置封闭的操作棚,以减少噪声的扩散。

(3)在施工现场倡导文明施工,尽量减少人为的大声喧哗,不使用高音喇叭或怪音喇叭,增强全体施工人员防噪声扰民的自觉意识。

(4)尽量避免夜间施工,确有必要应及时到市政工程管理部门进行夜间施工登记备案,并告知周边居民。

7)其他污染防治措施

(1)施工现场环境卫生落实分工包干。制定卫生管理制度,设专职现场自治员两名,建筑垃圾做到集中堆放,生活垃圾设专门垃圾箱并加盖,每日清运。确保生活区、作业区保持整洁环境。

(2)合理修建临时厕所,不准随地大小便,厕所内设冲水设施,制定保洁制度。

(3)在现场大门内两侧、办公、生活、作业区空余地方,合理布置绿化设施,美化环境。

(4)砂石料等散装物品车辆全封闭运输,车辆不超载运输。在施工现场设置冲洗水枪,车辆做到净车出场，避免在场内外道路上“抛、洒、滴、漏”。

(5)保护好施工周围的树木、绿化，防止损坏。

(6)如在挖土等施工中发现文物等，立即停止施工，保护好现场，并及时报告文物局等有关单位。

(7)多余土方在规定时间、规定路线、规定地点弃土，严禁乱倒乱堆。

第四节　管道预处理

1.基本规定

修复工程施工前，应根据管道状况、修复工艺要求对原有管道进行预处理，并应符合下列规定：

(1)预处理后的管道内应无沉积物、垃圾及其他障碍物，不应有影响施工的积水和渗水现象。

(2)管道内表面应洁净，应无影响内衬修复的附着物、尖锐毛刺、突起和台阶现象。

(3)当采用局部修复法时，原有管道待修复部位及其前后0.5m范围内管道内表面应洁净，无附着物、尖锐毛刺和突起。

(4)预处理应避免对管道造成进一步的损伤和破坏。

管内影响内衬施工的障碍物宜采用专用工具或局部开挖的方式进行清除。

管道变形或破坏严重、接头错口严重的部位应满足设计要求，并按经批准的施工方案进行预处理。

原有管道地下水水位较高、漏水严重时，应对漏水点通过注浆等措施进行止水或隔水处理。

在进行内衬施工前，应对预处理后的管道进行检查，并应保存影像、文字等资料。

2.管道清洗

管道宜采用高压水射流进行清洗，清洗产生的污水和污物应从检查井内排出，污物应按现行行业标准《城镇排水管渠与泵站运行、维护及安全技术规程》(CJJ 68—2016)中的有关规定处理。

高压水射流管道清洗时应符合下列规定：

(1)水流压力不得对管壁造成剥蚀、刻槽、裂缝及穿孔等损坏，当管道内有沉积碎片或碎石时，应防止碎石弹射而造成管道损坏。

(2)喷射水流不宜在管道内壁某一局部停留过长时间。

(3)对严重腐蚀管道应试喷确定合适压力后方可整段清洗。

(4)对存在塌陷或空洞管段，严禁用高压水流冲洗暴露的土体。

(5)当管道直径大于800mm时，可采取人工进入管内进行高压水射流清洗，高压水射流的压力不应破坏原有管道。

(6)人工高压水射流作业应符合现行国家标准《高压水射流清洗作业安全规范》(GB 26148—2010)的规定。

管道内存在大体积固体拥堵物时应清除。采用障碍物软切割技术时，软切割射水压力可按表 5-1 取值。

表 5-1 常见障碍物切割的破碎压力

射水压力/MPa	障碍物类型
10	淤泥、疏松岩层
21	轻度燃油残留质、铝质物体
32	疏松混凝土、砂石和泥土层、疏松漆层锈层
42～70	管内混凝土、铸铁件模型、石灰层、常见石化垢层
70～105	混凝土、石灰石、厚层煤渣
105～210	花岗岩、大理石、石灰岩、铅板、橡胶

管道清洗产生的污水和污物应从检查井内排出，污物应按国家现行标准《城镇排水管渠与泵站运行、维护及安全技术规程》(CJJ 68—2016)中的规定处理，污水应合规排放至规定地点。

3. 管道内壁处理

内壁附着物处理应符合下列规定：

(1)对软结垢附着物应清洗露出管道内壁。

(2)对硬结垢附着物处理不应损坏管道结构，并应在处理后露出管道内壁。

管道采用内衬钢环处理时应符合下列规定：

(1)应依据管道材料、破损情况、地层条件、渗漏水状况以及管道检测与评估结果确定预处理方案。

(2)对混凝土等非高分子化学建材管道，钢环安装前应对管道受损部位采用注浆止水并采用不低于管道混凝土强度的环氧砂浆进行补强预处理。

(3)对 HDPE 等高分子化学建材管道，钢环安装前应对管道漏水、流砂等受损部位采用注浆止水及管道整形预处理。

(4)采用钢环片装配成钢圆环时，连接部位应采用螺栓连接或焊接。

(5)错口、破裂、异型管等内衬钢环时，应进行管内精确测量，定制异型钢环。

(6)钢圆环与钢筋混凝土管之间的空隙应采用水泥砂浆或灌浆料填充密实。

(7)内衬钢环的断面损失不宜超过 10%。

管道内壁结构受损时应对内壁进行修补。管道预处理后应满足表 5-2 的技术要求。

表 5-2 管道预处理的技术要求

非开挖修复方法	技术要求
原位固化法	管道表面应无明显附着物、尖锐毛刺及突起
水泥基材料喷筑法	管道内无漏水，管道表面应润湿和粗糙
碎(裂)管法	待修复管道无堵塞，宜排除积水
原位热塑成型法	管道内无沉积、结垢和障碍物，基面应平整圆顺
垫衬法	管道内无明显渗漏水，无尖锐物、附着物
局部修复法	管道内无明显沉积、结垢和障碍物且待修复部位前后 500mm 内的管道表面应无明显附着物、尖锐毛刺及突起

注：处理后化学管道内径变形率(化学管道内径/原管道设计内径)不大于 4%。

第五节 非开挖修复施工工艺流程及要求

一、翻转式原位固化法

1. 施工工艺流程

翻转式原位固化施工流程如图 5-1 所示。

2. 施工工艺要点

干软管的树脂浸渍及运输应符合下列规定：

(1)浸渍树脂时用于抽真空、搅拌、传送碾压的设备应齐全、性能良好，并符合批准后的施工组织设计要求。

(2)浸渍树脂宜在室内完成，应采取避光、降温等措施。室内温度不宜高于 30℃，树脂应能在热水、热蒸汽作用下固化，且初始固化温度应低于 60℃。

(3)浸渍前应对软管进行检测，确认干软管无破损。

(4)干软管应在抽成真空状态下充分浸渍树脂，且不得出现气泡。

(5)在浸渍干软管之前应计算树脂的用量，树脂的各种成分应进行充分混合，实际用量应比理论用量多 5%～15%。

(6)树脂和添加剂混合后应及时进行浸渍，当不能及时浸渍时，应将树脂避光冷藏，冷藏温度和时间应根据树脂本身的稳定性与固化体系来确定。

(7)整平、碾压湿软管时应匀速，并确定碾压厚度在设计范围内，且应控制干斑、气泡、厚度不匀、褶皱等缺陷的出现。

(8)湿软管应存储在避光和生产厂商要求的温度环境中，存储和运输过程中应记录暴露

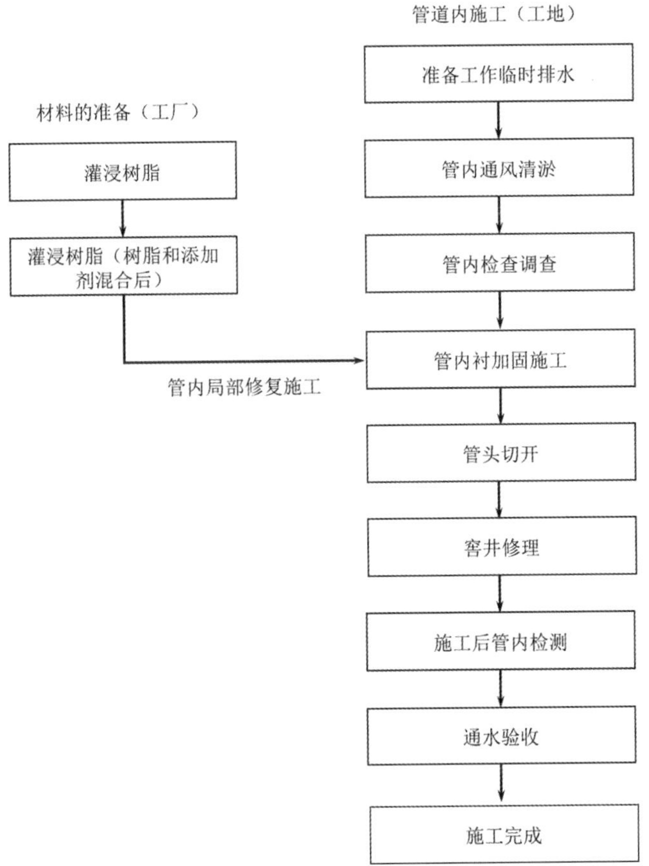

图 5-1　翻转式原位固化施工流程图

的温度与时间；浸渍树脂后的软管应存储在低于 20℃ 的环境中，运输过程中应全程冷藏密封运输。

(9)湿软管在储运和装卸过程中应避免与硬质、尖刺物体发生刮擦、碰撞。

可采用水压或气压的方法将湿软管翻转置入原有管道，施工过程应符合下列规定：

(1)当翻转时，应将湿软管的外层防渗塑料薄膜向内翻转成内衬管的内膜，与湿软管内水或蒸汽相接触。

(2)翻转压力应控制在使湿软管充分扩展所需最小压力和湿软管所能承受的允许最大内部压力之间，同时应能使湿软管翻转到管道的另一端点，相应压力值应符合产品说明书的规定。

(3)翻转过程中宜用润滑剂减少翻转阻力，润滑剂应是无毒的油基产品，且不得对湿软管和相关施工设备等产生影响。

(4)翻转完成后，湿软管伸出原有管道末端的长度宜为 0.5～1.0m。

翻转完成后应采用热水或热蒸汽对湿软管进行固化并应符合下列规定：

(1)热水供应装置和蒸汽发生装置应装有温度测量仪，固化过程中应对温度进行跟踪测量和监控，如厦门气温较高，高温时段较长，对材料保存要求高，要采取相关的应对措施，否则有可能材料还没翻进管道就会固化。

(2)在修复段起点和终点,距离端口大于 300mm 处,应在湿软管与原有管道之间安装监测管壁温度变化的温度感应器。

(3)热水宜从标高较低的端口通入,蒸汽宜从标高较高的端口通入。

(4)固化温度应均匀升高,固化所需的温度和时间以及温度升高速度应根据树脂材料说明书的规定,并应根据修复管段的材质、周围土体的热传导性、环境温度、地下水水位等情况进行适当调整。

(5)固化过程中湿软管内的水压或气压应能使湿软管与原有管道保持紧密接触,并保持该压力值直到固化结束。

(6)通过温度感应器监测的树脂放热曲线判定树脂固化的状况。

固化完成后内衬管的冷却应符合下列规定:

(1)应先将内衬管的温度缓慢冷却,热水宜冷却至 38℃以下;蒸汽宜冷却至 45℃以下;冷却时间应符合树脂材料说明书的规定。

(2)可用常温水替换内衬管内的热水或蒸汽进行冷却,替换过程中内衬管内不得形成真空。

(3)应待冷却稳定后方可进行后续施工。

应在内衬管与原有管道之间充填树脂混合物进行密封,且树脂混合物应与湿软管的树脂材料相同。

内衬管端头应切割整齐。翻转式原位固化法施工应做好树脂存储温度、冷藏温度和时间、树脂用量,湿软管浸渍停留时间和使用长度,翻转时的压力和温度,湿软管的固化温度、时间和压力,内衬管冷却温度、时间、压力等记录和检验。

3. 翻转式原位固化施工材料

CIPP 采用的原材料主要包括树脂系统、干软管。CIPP 使用的树脂系统应符合下列规定:

(1)树脂系统可以采用不饱和聚酯树脂(UP)、环氧树脂(EP)或者乙烯基酯树脂(VE)。

(2)树脂应具有良好的浸润性及触变性能,可参考表 5-3 选择使用。

表 5-3 根据管道内排水性质选用树脂

管道水质条件	选用树脂类型
雨水、城市生活污水	UP 树脂、EP 树脂
pH≥8 的碱性腐蚀性的废排水,或者含有甲醇、甲苯类有机溶剂成分的废排水,或者温度高于 40℃的废排水	VE 树脂、EP 树脂,须树脂供应商出具其可以用于该用途排水的适用报告

(3)CIPP 专用树脂系统浇铸体性能要求符合表 5-4。

表 5-4　CIPP 专用树脂浇铸体性能要求

纯树脂性能	间苯/邻苯	乙烯基酯	环氧树脂	测试方法
弯曲模量/MPa	≥3000	≥3000	≥3000	《树脂浇铸体性能试验方法》(GB/T 2567—2021)
弯曲强度/MPa	≥90	≥100	≥100	《树脂浇铸体性能试验方法》(GB/T 2567—2021)
拉伸模量/MPa	≥3000	≥3000	≥3000	《树脂浇铸体性能试验方法》(GB/T 2567—2021)
拉伸强度/MPa	≥60	≥80	≥80	《树脂浇铸体性能试验方法》(GB/T 2567—2021)
拉伸断裂延伸率/%	≥2	≥4	≥4	《树脂浇铸体性能试验方法》(GB/T 2567—2021)
热变形温度/℃	≥88	≥93	≥85	《塑料　负荷变形温度的测定　第 2 部分:塑料和硬橡胶》(GB/T 1634.2—2019)

(4)树脂储藏环境、储藏温度和储藏时间应根据树脂本身的稳定性和固化体系来确定。树脂和添加剂混合后应及时进行浸渍。

(5)干软管应在抽成真空状态下充分浸渍树脂,碾胶时应控制干斑、气泡、厚度不匀、褶皱等缺陷的出现。

(6)浸渍过树脂的湿软管应存储在避光和生产厂商要求的温度环境中,运输过程中应记录湿软管暴露的温度和时间。

干软管应符合下列规定:

(1)采用折叠法、缝合法制作湿软管,应先制作干软管。

(2)干软管可由单层或多层聚酯纤维毡或同等性能的材料组成,并应与所用树脂兼容,且应能承受施工的拉力、压力和固化温度。

(3)干软管的外表面应包覆一层与所采用的树脂兼容的非渗透性塑料膜。

(4)折叠法的各层纤维毡或同等性能的材料的接缝应错开。

(5)干软管应有足够的拉伸、弯曲性能,以确保能承受安装压力和树脂固化温度以及适应非规则部分管道的修复。

(7)干软管的轴向拉伸率不得大于 2%。

(8)干软管制作厚度应确保固化后管壁大于或等于内衬管材的设计厚度。

(9)干软管的长度应大于待修复管道的长度,干软管直径的大小应保证在固化后能与原有管道的内壁紧贴在一起,同时也不得因软内衬管直径过大而在管道内部产生影响质量的隆起或褶皱。

二、垫衬法

1.施工工艺流程

垫衬法修复技术工艺施工流程如图 5-2 所示。

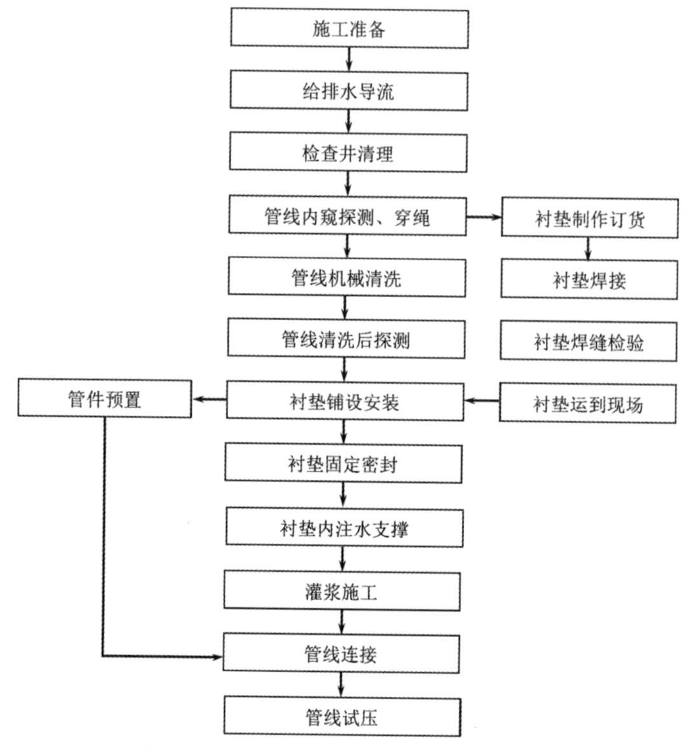

图 5-2　垫衬法修复技术工艺施工流程图

2.施工工艺要点

施工准备:根据设计文件和图纸,掌握待修复管道以及施工影响范围的沿线情况,现场进行测量,确定修复段管线走向及管线长度,确定总体布置方案,并准备施工机械、材料等。

管道清理:将管内杂物进行清理,垃圾清理出管外,并将管道清洗干净,然后用 CCTV 对管内进行检测,确保符合垫衬法的施工要求。

内衬安装:将制作好的内衬管从检查进置入管内,采用卷扬机作牵引动力。置入衬垫时,应控制好速度,不得超过 0.2m/s,以免过急致其损坏;进入管内的衬垫应尽量保持平整,不可扭曲。

内衬管进入管道后,将两端口与原管之间进行密封固定,并安装灌浆管,闭浆管等配件。

灌浆闭浆:内衬安装完成后,将两端封堵,向内衬管内注水支撑,然后进行灌浆施工。灌浆浆料的配比、搅拌时间应根据材料说明书进行制备,采用高速搅拌机现场搅拌。

灌浆完成后进行闭浆,待到规定时间后拆除灌浆管等配件,放空管内注水,即可验收,投入运行使用。

3. 垫衬法施工材料

(1)速格垫。速格垫结构结合了热塑性塑料的优点(柔韧性、延展性、耐腐蚀)和混凝土的特点(强度高、刚性好)。速格垫为混凝土结构的长期保护提供了一个高质量的解决方案,而且它满足了耐酸结构的最高要求。速格垫防止混凝土的劣化从而延长建筑的使用寿命。速格垫实物图如图 5-3 所示,其性能指标见表 5-5。

图 5-3 速格垫实物图

表 5-5 速格垫性能指标表

检验项目	单位	性能要求				检验方法
		PE	PP	PVDF	ECTFE	
比重 23℃	g/cm³	0.95±5%	0.9±5%	1.7±5%	1.6±5%	《塑料 非泡沫塑料密度测定 第 1 部分:浸渍法、液体比重瓶法和滴定法》(GB/T 1033.1—2008/ISO 1183-1:2004)
拉伸屈服应力	MPa	≥20	≥25	≥25	≥30	《高分子防水材料 第 1 部分:片材》(GB 18173.1—2012)
屈服伸长率		≥10	≥10	≥9	≥5	《高分子防水材料 第 1 部分:片材》(GB 18173.1—2012)
断裂伸长率	%	≥400	≥300	≥80	≥250	《高分子防水材料 第 1 部分:片材》(GB 18173.1—2012)

续表 5-5

检验项目	单位	性能要求				检验方法
		PE	PP	PVDF	ECTFE	
球压入硬度	MPa	≥36	≥45	≥80		《塑料 硬度测定 第1部分:球压痕法》 (GB/T 3398.1—2008/ ISO 2039-1:2001)
锚固键抗拉拔力(灌浆料抗压强度35MPa)	N	≥500	≥500	≥500	≥500	《城镇排水管道非开挖修复工程施工及验收规程》 (T/CECS 717—2020)

(2)高徽浆SG100。高徽浆SG100主要由水泥、专用外加剂,并辅以多种矿物改性组分和高分子聚合物材料配合组成。它具有低水胶比、高流动性、零泌水、微膨胀、耐久性好的特点,施工时,直接加水搅拌使用,产品各项性能均达到国际领先水平,其性能指标见表5-6。

表5-6 高徽浆SG100性能指标表

检验项目		单位	性能要求	检验方法
凝胶时间	初凝时间	min	≤100	《普通混凝土拌合物 性能试验方法标准》 (GB/T 50080—2016)
截锥流动度	初始值	mm	≥340	《水泥基灌浆材料 应用技术规范》 (GB/T 50448—2015)
	30min	mm	≥310	
泌水率	—	%	0	《普通混凝土拌合物 性能试验方法标准》 (GB/T 50080—2015)
抗压强度	2h	MPa	≥12	《水泥胶砂强度检验方法(ISO法)》 (GB/T 17671—2021)
	28d	MPa	≥55	
抗折强度	2h	MPa	≥2.6	《水泥胶砂强度检验方法(ISO法)》 (GB/T 17671—2021)
	28d	MPa	≥10	
弹性模量	28d	GPa	≥30	《普通混凝土力学性能试验方法标准》(GB/T 50081—2002)
自由膨胀率	24h	%	0～1	《混凝土外加剂应用技术规范》 (GB 50119—2013)
对钢筋锈蚀作用	—	—	对钢筋无锈蚀作用	《混凝土外加剂》(GB 8076—2008)

高徽浆 SG100 广泛适用于各种梁体预应力管道压浆及设备基础、锚杆等构件灌浆，同时也可用于核电站壳体灌浆、混凝土疏松、裂缝和孔洞等缺陷修补。

三、紫外光原位固化法

1.施工工艺流程

紫外光原位固化法工艺施工流程如图 5-4 所示，主要包括施工准备、软管拉入、安装扎头、软管固化、端口处理 5 个阶段。

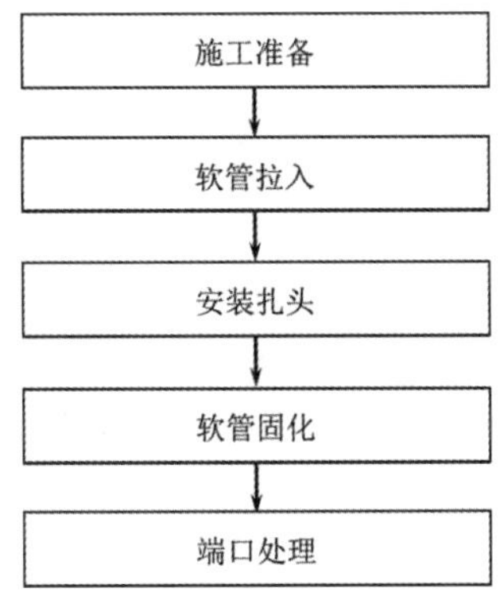

图 5-4　紫外光原位固化法工艺施工流程图

施工准备阶段主要包括管道预处理及场地布置。紫外光原位固化法是依托原有管道形状形成内衬管的工艺，因此施工前需对原有管道进行预处理，对于存在功能性缺陷的管道，必须疏通干净，不得有淤积及障碍物。对于存在结构性缺陷的管道，必须进行预处理后再进行内衬修复。常用预处理技术主要包括高压清洗技术、绞车清洗技术、局部修复技术、注浆堵漏技术、塌陷处理技术等。预处理完成后，应根据现场情况合理安排场设备、材料布置。紫外光原位固化法对管道施工顺序没有明确规定，既可以从上游管道开始施工，也可以从下游管道开始施工。图 5-5 为一般现场施工设备及材料现场摆放位置图。

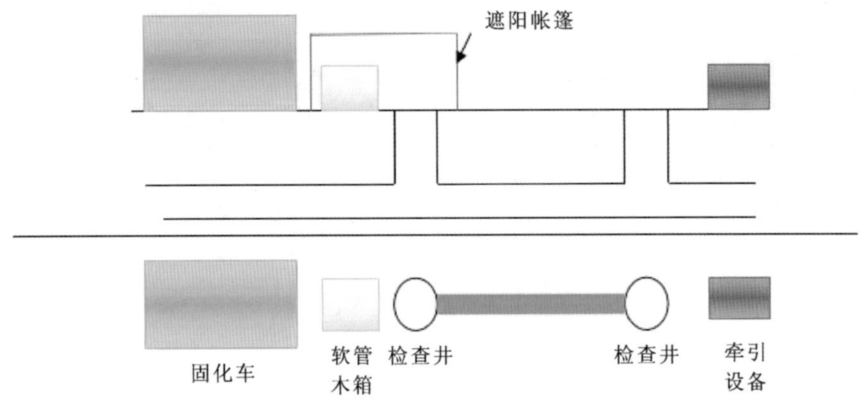

图 5-5　紫外光原位固化法设备、材料现场布置图

软管拉入阶段主要包括牵拉底膜、安装滑轮、软管拉入等工作内容。底膜的作用主要是防止软管在拉入过程中受到磨损，同时可以减少拉入过程中的摩擦力，底膜应置于原有管道底部，并应覆盖大于 1/3 的管道周长，图 5-6 为拉入底膜照片。滑轮安装主要包括井底滑轮安装和井口滑轮安装，其作用是为了方便牵拉软管时牵拉绳的转向及减小摩擦力，图 5-7 为井底滑轮安装。

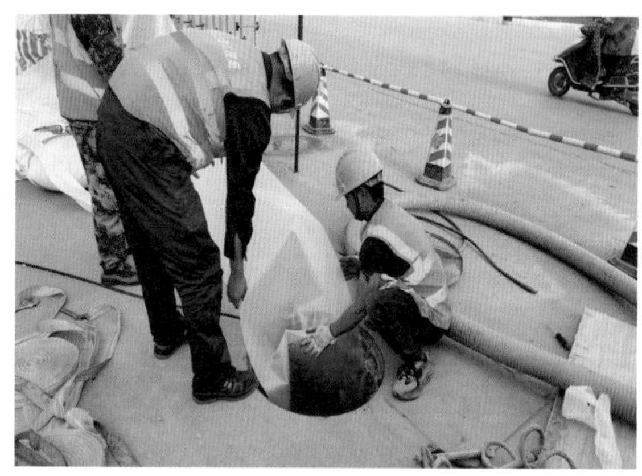

图 5-6　拉入底膜

图 5-7　井底滑轮安装

因为一般检查井井口直径为 600～700mm，软管拉入前应先将软管折叠。软管牵拉过程中应边牵拉，边折叠，边送入检查井内，整个过程要确保软管沿底膜平稳、平整、缓慢地拉入原有管道，拉入速度不得大于 5m/min，不得发生软管纵向拥挤现象，必要时可制定折叠下料架辅助施工，图 5-8 为软管牵拉现场。

图 5-8　软管牵拉

安装扎头阶段的目的是为后面充气做准备，每个扎头上应捆绑至少 3 条扎带。扎头应安装在软管内膜之间，图 5-9 为安装扎头过程。

图 5-9　安装扎头

软管固化阶段主要包括灯架放入、充气保压、回拉固化等工作。首先应将紫外光灯安装在灯架上，然后将灯架通过扎头放入软管内，灯架放入时应采用空气锁技术逐渐放入，放入过程中避免损害软管内膜。灯架放入后锁紧扎头，接入充气管道，通过压缩空气使软管充分扩张紧贴原有管道内壁，充气过程中压力应缓慢升到工作压力，并维持一定时间，不同规格软管的工作压力不同，一般管径越大，工作压力越小，在保压过程中应将灯架牵拉至管道另一端。保持压力一定时间后开始固化，按规定依次打开灯架上的紫外光灯，然后以一定速度回拉灯架，整个固化过程中应根据温度感应器显示的温度调整回拉速度，一般管内温度在 80℃ 以上表明固化情况较好。灯架回拉至检查井管口后顺次关掉紫外光灯。固化过程中内衬管内部应保持压力，使内衬管与原有管道紧密接触。图 5-10 为软管充气膨胀时灯架上的摄像头反馈回的照片，图 5-11 为固化阶段灯架上的摄像头反馈回的照片。待软管固化完成后，缓慢释放管道内的压力；待管道内压力降到周围压力后，卸掉扎头，取出灯架，将内膜拉出。

端口处理阶段主要包括端口切割、中间检查井切割等工作内容。采用专用工具切除内衬管端口的缩径部位，使得内衬管端口与原有管道端口平齐。对于多段管道一起修复的内衬管，中间检查井出也应切开。

图 5-10　软管充气膨胀

图 5-11　紫外光固化过程

2. 施工工艺要点

拉入湿软管之前应在原有管道内铺设垫膜，垫膜应置于原有管道底部，覆盖长度应大于管道周长的1/3，且应在原有管道两端进行固定。湿软管的拉入应符合下列规定：

（1）应沿管底的垫膜将湿软管平稳、缓慢地拉入原有管道，拉入速度不得大于5m/min。

（2）在拉入湿软管过程中，不得磨损或划伤湿软管。

（3）湿软管两端端口伸出原有管道的长度应符合表5-7的要求。

（4）湿软管拉入原有管道之后，宜对折放置在垫膜上。

表5-7 湿软管两端端口伸出长度

湿软管管径/mm	端口伸出长度/mm
D≤500	不小于500
500<D≤800	不小于800
D>800	不小于1000

湿软管的扩展应采用压缩空气的方式，并应符合下列规定：

（1）扎头应使用扎头布绑扎牢固。

（2）充气装置宜安装在湿软管入口端，且应装有控制和显示压缩空气压力的装置。

（3）充气前应检查湿软管各连接处的密封性，湿软管末端宜安装调压阀。

（4）压缩空气压力应能使湿软管充分膨胀扩张紧贴原有管道内壁，压力值应根据产品说明书设定。

采用紫外光固化时应符合下列规定：

（1）紫外灯安装应避免损伤内膜，大于DN800的管道应设置空气锁。

（2）紫外光固化过程中湿软管内应保持空气压力，使湿软管与原有管道紧密接触；紫外光固化时，需确保UV灯架的持续功能检查。每个湿软管产品上所使用的光技术波长必须一致。需遵守湿软管内衬制造商所给出的使用何种型号参数的紫外线UV灯架以及固化巡航速度。为了适应固化巡航速度，需测量湿软管内衬固化时的温度。在整个固化阶段，将持续记录管内压力、固化巡航速度及软管内温度。

（3）湿软管固化完成后，应缓慢降低管内压力至大气压，降压速度不大于0.01MPa/min。

固化完成后，内衬管端头应进行密封和切割处理。拉入式原位固化法施工应做好湿软管拉入长度，扩展压缩空气压力，湿软管固化温度，时间和压力，紫外线灯的巡航速度，内衬管冷却温度、时间、压力等记录和检验。

3. 紫外光原位固化法施工材料

紫外光原位固化产品及其安装不得对城市的其他工艺管线或设施造成不利影响。产品不得导致污水处理厂产生有害化合物或副产品。

内衬材料应无撕裂、孔洞、切口、异物等表面缺陷，所用树脂应满足待修复污水管道的要求。

浸渍软管用树脂应符合下列规定：

(1)应为不饱和聚酯树脂(UP)、环氧树脂(EP)或乙烯基酯树脂(VE)。

(2)浸渍软管所用的树脂应具有耐腐蚀、耐磨损、耐城市污水性能。

(3)树脂的主要性能应符合《城镇排水管道非开挖修复工程施工及验收规程》(T/CECS 717—2020)中的规定。

(4)软管内衬上的树脂应分布均匀，没有肉眼可见的气泡和缺陷。

(5)不同树脂系统选择时应计入最终产品所需吸收的热负载、机械负载及化学负载。

固化后成品的最小壁厚应满足设计的要求。

含玻璃纤维的内衬管的短期力学性能要求和测试方法应符合表5-8的规定。

表5-8　含玻璃纤维的内衬管的短期力学性能要求和测试方法

性能	单位	指标	检测方法
弯曲强度	MPa	＞125	《纤维增强塑料弯曲性能试验方法》(GB/T 1449—2005)
弯曲模量	MPa	＞8000	《纤维增强塑料弯曲性能试验方法》(GB/T 1449—2005)
抗拉强度	MPa	＞80	《塑料 拉伸性能的测定 第4部分：各向同性和正交各向异性纤维增强复合材料的试验条件》(GB/T 1040.4—2006/ISO 527-4:1997)

储存和保管应符合下列规定：

(1)湿软管材料应附有测试合格的检测报告。

(2)紫外光原位固化玻璃纤维湿软管应按照制造商建议的方式储存，并应做好充分的保护。

(3)在运输、装卸和保管过程中，不得损坏湿软管材料。

原位固化内衬管结构如图5-12、图5-13所示。

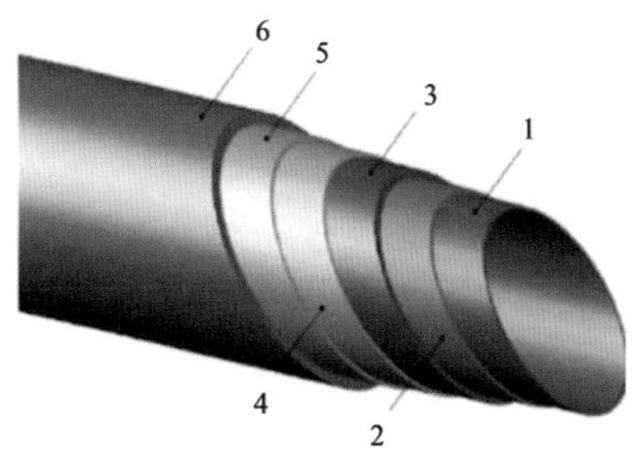

1.永久/临时内膜；2.耐磨层；3.结构层/静态层；4.富树脂层；5.外膜；6.原有管道

图5-12　内衬管结构

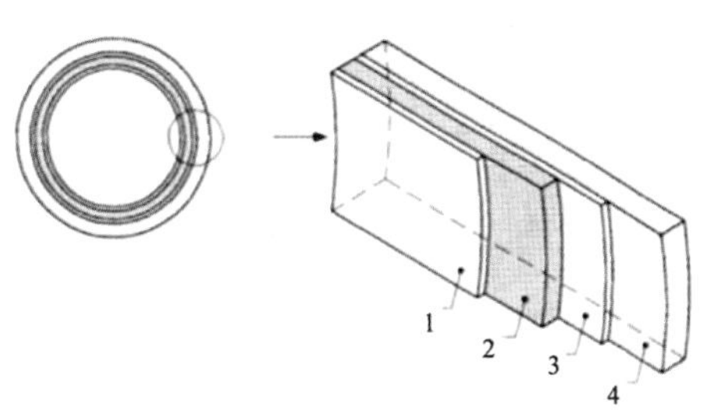

1.永久/临时内膜；2.结构层/静态层；3.外膜；4.原有管道

图5-13　固化后管道结构

四、原位热塑成型法

1.施工工艺流程

1)通风

(1)在清洗过程中,如需人员井下作业,井下气体浓度应满足《城镇排水管道维护安全技术规程》(CJJ 6—2009)表 5.3.3 中的规定。

(2)井下作业前,应开启作业井盖和其上下游井盖进行自然通风,且通风不应小于 30min;作业时,应采用机械连续通风。

2)堵水、调水

(1)管道避开雨天进行施工。

(2)如待修复管道内过水量很小,修复期间可在上游采用堵水气囊或沙袋进行临时封堵,以防止上游来水流入待修复管道。

(3)由于采用原位热塑成型法修复管道速度快,一般一段修复需要时间为 3h 内,在通流量较小的时候(如夜间),通常不需要导流。安装过程中并不需要完全断流,这样也大大降低了需要导流的概率。

(4)当上游来水量相对较大时,则需要通过水泵进行导流。

3)清洗

(1)待修管道主要是通过高压水进行冲洗,根据管道本身的结构情况和淤积情况来调节清洗压力。

(2)清洗通常需要高压冲洗设备自动完成。

(3)清洗后的管道要求可以保证内衬管可以顺利通过。

4)内衬管的运输、储藏和现场预加热

原位热塑成型法管道内衬管在工厂生产后,缠绕在木质或钢质的轮盘之上,根据管径的不同,一段可为几十米,甚至上百米。

卷盘后的原位热塑成型法内衬管的一个优点是为运输提供了极大的便利,一辆卡车可以运送数千米的内衬管到工程现场,在运输过程中,内衬管不需要任何遮盖,或低温保存等特殊处理。

图 5-14 为原位热塑成型材料卷盘及装车运输形式。

内衬管可以在常温下长时间储存,短时间可以露天储存,如需要长期储存,应在室内储存,或者用篷布遮盖,以避免长期日光照射。

工程当天,在对待修管道进行清洗的同时,对在轮盘上的管道内衬管进行预加热,通常可以将内衬管轮盘放入预制的蒸箱或用塑料篷布覆盖,如图 5-15 所示。

图 5-14　原位热塑成型材料卷盘及装车运输形式

图 5-15　内衬管预加热

根据所需预加热的内衬管的长度和管径，预加热时间一般需 1～2h。当内衬管变柔软后即可准备拖入待修管道。

5)内衬管的拖入

当待修管道的清洗和预处理结束，且内衬管的预加热结束后，便开始向管道内拖入内衬管，如图 5-16 所示。

内衬管在工厂成型后的形状为扁形或是工字形，其目的是减小内衬管的横截面积，从而便于将其拖入待修管道。在拖入过程中，下游的卷扬机通过铁链和上游卷盘上的内衬管连接，上下游的施工人员通过步话机联系相互配合，保证将内衬管顺利拖入待修管道之中。

6)内衬管的成型

当内衬管完全拖入待修复管道后，在上游用水蒸气继续对内衬管加热(内衬管在拖入的过程中会冷却硬化)，当内衬管再次加热并软化后，用专用塞堵在管道上游和下游，分别将内衬管的两头塞住，如图 5-17 所示。在管道下游的管塞中接阀门、温度和压力仪表，并在管道的上游通过管塞中间的通道向管道内吹水蒸气以加热软管。

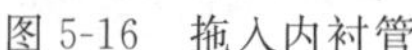

图 5-16　拖入内衬管

图 5-17　安装塞子

当软管软化后，下游的阀门根据温度和压力的情况逐渐关小，内衬管内部的水蒸气压力将内衬管吹起。内衬管将恢复到生产时变形前的圆形，然后在水蒸气的压力下继续膨胀，直至紧贴于待修管道的内壁。

7)成型后的冷却和端口处理

在使用原位热塑成型法使管道被吹起并紧贴于管道内壁之后，在保持压力的情况下，通过塞堵的气体通道向内衬管内部输入冷空气以冷却内衬管。当下游的温度表显示通流气体温度降低至 30℃之下时可以释放压力，如图 5-18 所示。压力卸掉后，取出塞子，将两端多余的内衬管切掉，给水管道修复后应进行翻边处理，如图 5-19 所示。

图 5-18　压力释放

图 5-19　端口翻边

2. 施工工艺要点

内衬管的运输、储藏应符合下列规定：

(1)内衬管在工厂预制成型后，应缠绕在木质或钢质的轮盘之上，运输时应整盘放在运输车上。

(2)内衬管的现场储存宜在常温状态，短时间可以露天储存，如需长期储存，应在室内储存，或用篷布遮盖，以避免长期日光照射。

内衬管的预加热及拖入应符合下列规定：

(1)内衬管运到现场后，应在对待修复管道进行清洗的同时，开始对内衬管进行预加热，预加热时应将内衬管放入预制的蒸箱或用塑料篷布覆盖。

(2)内衬管预加热时间宜为1～2h，内衬管软化后方可拖入待修管道。

(3)内衬管拖入前应检测卷扬机的绳索是否处于完好状态。

(4)卷扬机绳索与卷盘上的内衬管应连接牢固。

(5)内衬管拖入过程中上游和下游的施工人员可通过步话机联系，相互配合。

(6)内衬管拖入应在衬管软化状态时完成，若内衬管中途冷却变硬，则应重新加热后再拖入待修复管道。

内衬管的加热复原应符合下列规定：

(1)内衬管拖入完成后，应对内衬管两端露出待修复管道端头部分重新进行加热，待其软化后用专用管塞将内衬管的两端塞住。

(2)管塞的中部应有通气管，管道上游的管塞应通过蒸汽管与蒸汽发生机连接，管道下游的管塞应连接带有阀门、温度和压力仪表的蒸汽管。

(3)内衬管复原过程中，应通过蒸汽发生机向内衬管内输送蒸汽再次加热内衬管，待温度达到材料软化点后，逐渐关闭下游蒸汽管上的阀门，使内衬管内压力逐渐上升，同时内衬管逐渐复原扩张并紧贴待修复管道。

(4)内衬管复原过程中，应通过下游的温度表及压力表实时监测内衬管内的温度及压力，内衬管成型过程中温度不宜超过95℃，压力不宜超过0.15MPa。

(5)内衬管成型过程中，应在管道的上游检查井实时观察内衬管复原状况，待观察到内衬管紧贴于待修管道后，则应停止蒸汽发生机输送蒸汽。

内衬管的冷却和端口处理应符合下列规定：

(1)内衬管加热复原后，应在保持原有压力的情况下，将内衬管内的蒸汽逐渐置换成冷空气。

(2)置换过程中应实时监测下游的温度表，当温度降低到40℃以下时，方可打开阀门，释放内衬管内的压力。

(3)修复后管道两端多余管道应切除，内衬管应伸出待修管道长度大于10cm，伸出部分宜呈喇叭状或按照设计要求处理。

3.原位热塑成型法施工材料

内衬管材料应以高分子热塑聚合物树脂为主，加入改性添加剂时，添加剂应分散均匀。内衬管内外表面应光滑、平整，无裂口、凹陷和其他影响内衬管性能的表面缺陷。内衬管中不应含有可见杂质。内衬管长度不应有负偏差。内衬管用于非变径管道的修复时，出厂时的截面周长应为待修复管道内周长的80％～90％。

热塑成型前管壁厚度应符合设计文件的规定，厚度检测应符合现行国家标准《塑料管道系统 塑料部件 尺寸的测定》(GB/T 8806—2008/ISO 3126:2005)的有关规定。内衬管安装前的平均厚度不应小于出厂值。热塑成型内衬管的力学性能应符合表5-9的规定。

表 5-9　热塑成型内衬管力学性能

项目	单位	指标	测试方法
断裂伸长率	%	≥25	《热塑性塑料管材 拉伸性能测定 第2部分：硬聚氯乙烯(PVC-U)、氯化聚氯乙烯(PVC-C)和高抗冲聚氯乙烯(PVC-HI)管材》(GB/T 8804.2—2003)
拉伸强度	MPa	≥30	《热塑性塑料管材 拉伸性能测定 第2部分：硬聚氯乙烯(PVC-U)、氯化聚氯乙烯(PVC-C)和高抗冲聚氯乙烯(PVC-HI)管材》(GB/T 8804.2—2003)
弯曲模量	MPa	≥1600	《塑料 弯曲性能的测定》(GB/T 9341—2008/ISO 178:2001)
弯曲强度	MPa	≥40	《塑料 弯曲性能的测定》(GB/T 9341—2008/ISO 178:2001)

五、水泥基材料喷筑法

1.施工工艺流程

1)浆料搅拌

在浆料搅拌时，操作人员应佩戴相应的防护用品，避免吸入粉尘及眼睛、皮肤与干粉或浆料直接接触。施工前，应为管道预处理、搅拌水泥浆、管道清洗、养护准备充足的净水。现场应配备足够数量的、状态良好的混料器，已确保内衬施工过程连续进行，混料器的处理量不宜超过其最大能力的一半。

每袋干粉加3.5～4.0L的自来水(10～21℃)，在剪切搅拌作用下制得稠度均匀的灰浆，搅浆用水量不能超出推荐的最大用水量，或不得造成水泥浆离析。

灰浆拌和时应添加防止微生物腐蚀的防腐剂，添加剂选用“砼盾”产品，该产品可以很好地阻止微生物的繁殖，加入24h后可彻底消灭混凝土中的微生物，从而阻止污水管道中的硫化氢气体在微生物的作用下转化为硫酸，避免了混凝土的腐蚀。

在使用过程中，应持续搅拌以保持灰浆有足够的流动性，防止在使用过程中灰浆变硬。

灰浆的有效时间视现场情况不同控制在30min以内使用。每次搅拌的灰浆量，应在规定的时间内用完，不能将已经固化的灰浆加水拌和后继续使用。

2)喷筑施工

将旋转喷筑机的喷嘴调整至污水管的中轴线上，然后开始喷筑混合好的灰浆(图5-20)。

当灰浆在离心力作用下逐渐甩落到管道内壁时，可以根据设计的喷筑厚度将喷筑机的旋转喷头调节到最佳转速。内衬管及检查井的厚度应事先确定好。

在离心喷筑施工过程中，不论何种原因造成供浆中断，只需要原地停止旋转喷头，待故障排除后重新启动旋喷器即可。如果局部管段需要增加厚度，只需降低喷筑器的行走速度，直至达到需要的厚度。嵌入式的黏结剂可保证任何时增加喷筑层的作业要求。一个回次的喷筑完成后，待灰浆初凝过后，变换旋喷方向即可进行下一回次的喷筑。

在高速离心力的压力作用下，灰浆内衬形成了极为细腻的网纹表面，这样就不需要对其进行额外的抹平或收浆。在需要的时候，可使用相应的水泥养护剂。图 5-21 为离心喷筑管道内衬修复后效果。

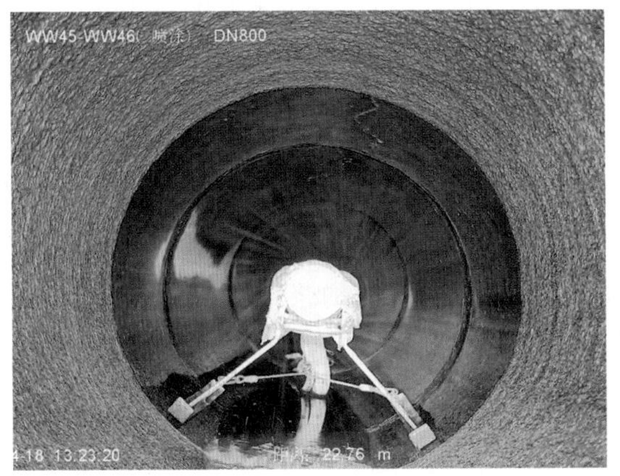

图 5-20　离心喷筑管盾内衬修复施工

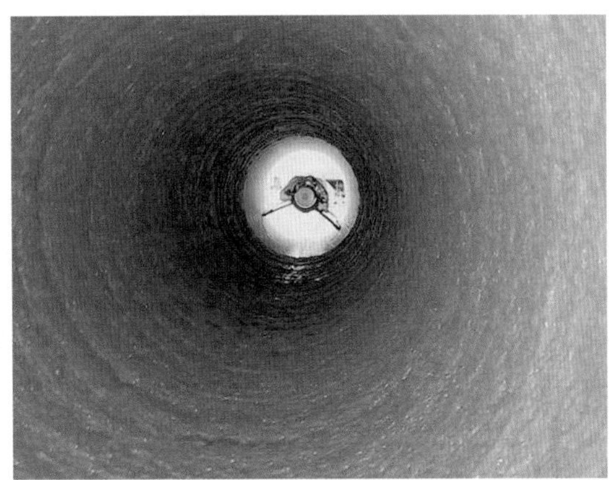

图 5-21　离心喷筑管盾内衬修复后效果

3）高温作业（26℃以上）

在环境温度或管道表面温度超过 37℃时，不应进行喷筑施工。应将材料放置在阴凉处保存，保持待喷筑管道凉爽。在环境温度超过 26℃但不及 37℃时，若需延长灰浆的使用时间，工程施工人员可使用凉水或冰水搅浆。在这类高温环境中进行施工，工程人员应确保修复基体表面处于饱和—干燥状态。在需要的时候，可使用满足要求的水泥养护剂。

4）低温作业（＞7℃）

在进行喷筑作业之前，作业人员应确保在喷筑后 72h 内，环境温度不会降低到 7℃以下。在施工过程中，环境温度和基体表面温度均不得低于 7℃。低温将延缓材料的凝固及强度的增长。严禁喷筑好的内衬管出现结冰现象。在需要的时候，可使用满足要求的水泥养护剂。

2. 施工工艺要点

本方法可分为离心和人工喷筑两种方式。离心喷筑法适合检查井井壁部分以及 DN300～3000 的圆形管道的修复；人工喷筑法适用于人可进入的井室、井底、大直径管道、各类箱涵、硐室等各类断面形式结构的修复。

施工前应编制施工组织设计，并按规定程序审批后执行。进入施工现场的水泥基材料应符合设计规定，内衬材料进场应附有出厂检测报告；当单项工程材料用量大于(含)10t 时，应对进场材料按表 5-10 进行抽样复检。

表 5-10　水泥基材料复检项目及依据

检验项目	单位	龄期	性能要求	检验方法
凝结时间	min	初凝	≤120	《建筑砂浆基本性能试验方法标准》(JGJ/T 70—2009)
		终凝	≤360	
抗压强度	MPa	24h	25	《水泥胶砂强度检验方法(ISO 法)》(GB/T 17671—2021)
		28d	65	
抗折强度	MPa	24h	3.5	
		28d	9.5	

应按材料供应商推荐的水灰比搅拌内衬浆料，拌料用水应为洁净的自来水，搅拌时间不宜少于 3min；搅拌好的浆料应在 45min 内使用完，严禁将超过适用期的浆料二次搅拌后再使用。

当环境温度高于 37℃时，应通过降低水温的方式，保证搅拌好的浆料温度不高于 32℃，避免浆料水分过快蒸发或过快凝固；当环境温度低于 0℃时，应避免施工或采取措施以确保喷筑好的内衬在终凝前发生结冰现象。

采用离心喷筑法修复检查井时，应按如下步骤实施：

(1)将离心旋喷器置于井口中心，启动旋喷器待其运行平稳后启动砂浆输送泵，待浆料从旋喷器均匀甩出后，操纵吊臂卷扬使旋喷器平稳下行至井底后切换方向提升旋喷器上升至井口完成一个回次的喷筑，如此循环往复直至达到设计厚度。

(2)在离心喷筑过程中，旋喷器下放和提升速度宜使每一个回次的喷筑厚度达到 1～3mm，通过若干次喷筑，确保内衬达到最好的密实度。

(3)若离心喷筑施工过程因故中断，只需等待故障排除后重新启动旋喷器继续喷筑即可；若故障排除时间超过 30min，则应将喷筑机和料管内剩余的内衬浆料清除并清洗设备，以免浆料在设备和料管内凝固。

(4)内衬喷筑完成后，保留内衬原始形态，也可根据要求对表面进行压抹，但同一部位不得反复压抹。

采用离心喷筑法修复管道时，应按如下步骤实施：

(1)将旋喷器固定在机架上后，连接料管和气管，放置在待修复管段的末端，调整旋喷器轴线高度；根据管道实际尺寸及灰浆的泵送排量，调节旋喷器的旋转速度，保证在离心力作用下喷筑到管道内壁的灰浆内衬均匀、平整；不论何种原因造成供浆短暂中断，只需停止作业，待故障排除后，继续喷涂。

(2)根据管道直径，选用适宜的砂浆泵排量及旋喷器行走速度，控制每层喷筑厚度在 10～20mm；设计喷筑厚度大于 10mm 时，可分多层喷筑，尽量减少缺陷的发生概率。

(3)在高速离心力的压力作用下，当灰浆内衬呈现为细腻光滑的表面时，无需对内衬表面进行抹平或收浆。

采用人工喷筑法修复检查井和管道时，应符合下列规定：

(1)应先调节喷筑气压和浆量，浆料应均匀分散喷出。

(2)合理控制喷枪与基面距离，喷枪移动规律、平稳。

(3)可一次或分多次喷筑到设计厚度，但设计厚度超过 20mm 时，应多次完成。

(4)喷筑完成后，应将喷筑层抹平，但同一部位不宜反复抹压。

检查井井底修复宜采用人工喷筑后压抹的方式，井底与井壁的结合转角处应采取倒圆过渡，井底内衬厚度不得小于 20mm。

采用水泥基材料喷筑法修复，砂浆内衬的最小厚度不应小于 10mm。

水泥基材料施工完成后 6h 内不宜受激烈的水流冲刷，检查井修复后 12h 内，井盖应避免受到车辆的碾压或大的冲击振动。

内衬应在无风、潮湿的环境下养护，以免因水分蒸发过快造成内衬开裂。

3. 水泥基材料喷筑法施工材料

水泥基材料喷筑法所用水泥基材料应满足下列要求：

(1)主要凝结材料应为硅酸盐水泥或普通硅酸盐水泥。

(2)材料应为工厂生产、统一包装的成品材料。

(3)材料在现场只需与适量的清水充分搅拌即可使用。

(4)搅拌后的浆料应适宜泵送和喷筑。

(5)材料应能直接在潮湿表面使用而不影响内衬与基体的黏结。

水泥基材料喷筑法所用水泥基材料性能应符合表 5-11 的规定。

表 5-11　水泥基材料主要性能参数

项目	单位	龄期	性能要求	检验方法
抗压强度	MPa	24h	25	《水泥胶砂强度检验方法(ISO 法)》(GB/T 17671—2021)
		28d	65	
抗折强度	MPa	24h	3.5	
		28d	9.5	
凝结时间	min	初凝	≤120	《建筑砂浆基本性能试验方法标准》(JGJ/T 70—2009)
		终凝	≤360	
静压弹性模量	GPa	28d	30	
拉伸黏接强度	MPa	28d	1.2	
抗渗性能	MPa	28d	1.5	
收缩性	—	28d	≤0.1%	
抗冻性(100 次循环)	—	28d	强度损失<5%	

六、不锈钢双胀环法

1. 施工工艺要点

施工设备应根据工程特点合理选用，并应有总体布置方案，应有满足施工要求备用的动力和设备。不锈钢胀环法修复施工时应符合下列规定：

(1)在进行双胀圈环状修复前，应对管周土体进行注浆加固。

(2)止水橡胶圈宜采用人工辅助沿管道环向平铺于管道内壁的方式进行，平铺后应完全覆盖管道缺陷处，同时橡胶圈表面应平整、无褶皱，内壁紧贴原管道。

(3)不锈钢双胀环应沿止水橡胶圈的压槽安装，安装时保证钢套环垂直无倾斜，牢固可靠。

(4)安装完成后应拆除胀环上焊接的液压设备支撑点，拆除时应沿环向施力拆除，禁止沿纵向用力拆除。

2. 不锈钢双胀环法施工材料

双胀环法采用的胀环应符合下列规定：

(1)应选用 C304 或 C316 号不锈钢。

(2)胀环设计厚度不应小于 5mm，宽度为 50mm。

(3)胀环应根据管道实际尺寸定制生产，尺寸应符合设计要求。

双胀环法采用的止水橡胶应符合下列规定：

(1)应选用耐腐蚀橡胶。

(2)橡胶条宽度应按照设计要求制作，宜为 300～400mm，止水橡胶两侧设计有不锈钢胀环压槽，压槽背面应有齿状止水条，止水条高度宜为 8～10mm。

(3)橡胶表面应平整、无缺陷，止水橡胶应满足表 5-12 的性能要求。

(4)橡胶圈应在低温、干燥的地方保存，保存期不应超过 6 个月。

不锈钢双胀环主要材料进场验收时，所用的止水橡胶圈、不锈钢胀环应按设计要求进行抗拉强度、断裂延伸率、弯曲强度的复试，同一生产厂家、同一批次产品抽取一组。

表 5-12 橡胶止水带材料性能指标

项目	单位	指标	检测方法
拉伸强度	MPa	≥9	《硫化橡胶或热塑性橡胶 拉伸应力应变性能的测定》(GB/T 528—2009/ISO 37:2005)
断裂延伸率	%	≥250	《硫化橡胶或热塑性橡胶 拉伸应力应变性能的测定》(GB/T 528—2009/ISO 37:2005)

现场施工时，修复用原材料现场检查应符合下列规定：

(1)工程所使用的原材料性能及尺寸应符合国家相关标准规定及设计要求。

(2)现场原材料直接取样测试,其中不锈钢压条取样尺寸为 50mm×50mm,止水橡胶取样尺寸为 400mm×400mm,样品强度及耐腐蚀性等性能测试参数需满足相关要求。

七、不锈钢快速锁法

1.施工工艺要点

不锈钢快速锁法适用于 DN300～1800 排水管道的局部修复,不适宜管道变形和接头错口严重情况的修复,不锈钢快速锁安装示意图如图 2-22 所示。

不锈钢快速锁安装前,应对原有管道进行预处理,并应符合下列规定:

(1)预处理后的原有管道内应无沉积物、垃圾及其他障碍物,不应有影响施工的积水。

(2)原有管道待修复部位及其前后 500mm 范围内的管道内表面应洁净、无附着物、尖锐毛刺和突起。

不锈钢快速锁应能覆盖待修复缺陷,且前后应比待修复缺陷长不小于 100mm;当缺陷轴向长度超过单个快速锁长度时,可采取多个快速锁搭接的方式安装,安装时后一个快速锁应压住前一个快速锁超出的橡胶套,以确保密封。采用气囊安装的不锈钢快速锁,应按下列步骤操作:

(1)在地表将不锈钢套筒和橡胶套预先套好,并检查锁紧装置是否正常工作。

(2)分别在始发井和接收井各安装一个卷扬机,然后将快速锁固定在带轮子的专用气囊上,然后在 CCTV 或 QV 的辅助下将气囊牵拉至待修复位置。

(3)在 CCTV 或 QV 设备的监控下,缓慢向气囊内充气使不锈钢快速锁缓慢扩展开并紧贴原有管道内壁,气囊压力宜控制在 0.35～0.40MPa。

(4)当确认不锈钢快速锁完全张开后,卸掉气囊压力后撤出。

采用人工方式安装的不锈钢快速锁,应按下列步骤操作:

(1)将不锈钢环片、橡胶套等从检查井下入管道并送到待修复位置。

(2)到达待修复位置后,先将不锈钢环片预拼装成小直径钢套,再将橡胶套套在不锈钢套上,安装时橡胶套迎水坡边朝来水方向;

(3)将预拼装好的不锈钢快速锁放置在待修复位置,采用专用扩张器对快速锁进行扩张,待扩张到橡胶套密封台接近管壁时,使用扩张器上的辅助扩张丝杆缓慢扩张,在扩张过程中可用橡胶锤环向振击快速锁,确认各个部位与原管壁紧密贴合后锁死紧固螺丝,完成安装。

2.不锈钢快速锁法施工材料

不锈钢快速锁可由 304 或 316 不锈钢套筒、EPDM 橡胶套和锁紧机构等部件构成,各部件应符合下列规定:

(1)DN600 及以下的不锈钢套筒应由整片钢板加工成型,安装到位后通过特殊锁紧装置固定。

(2)DN600 以上的不锈钢套筒一般由 2～3 片加工好的不锈钢环片拼装而成,在安装到位后通过专用锁紧螺栓固定。

(3)橡胶套为闭合式,橡胶套外部两侧应设有整体式的密封凸台。

不锈钢快速锁规格尺寸应符合表 5-13 的规定。

表 5-13　气囊安装不锈钢快速锁技术参数

型号	橡胶套直径/mm	不锈钢套筒长度/mm	适用管径 ID		密封段长度/mm	不锈钢套筒			橡胶套	
			最小值/mm	最大值/mm		钢板厚度/mm	套筒卷曲直径/mm	最大扩张直径/mm	厚度/mm	密封台高度/mm
300	235	400	295	315	310	1.2	238	305	2	7
400	323	400	390	415	310	1.5	325	406	2	8
500	420	400	485	515	310	2.0	425	505	2	9
600	500	400	585	615	310	2.0	510	605	2.5	9

八、点状原位固化法

1.施工工艺要点

(1)对整体管道结构良好,仅有局部破坏的管道采用点位修复进行施工,或者在预处理中进行点位修复。

(2)据 CCTV 检测的数据资料,确定所要修复的局部尺寸,把玻璃纤维材料按照修复尺寸裁剪。

(3)计算树脂用量,并用量具称量,按照一定的比例、时间进行混合和搅拌,如图 5-22 所示。

(4)将搅拌后的混合树脂倒入玻璃纤维材料上,采用滚筒进行碾刮,充分浸润,见图 5-23 所示。

图 5-22　树脂混合

图 5-23　浸渍树脂

(5)把充分浸润树脂的玻璃纤维缠绕包于专用管道内衬修补器上,修补器应事先缠绕一层塑料薄膜,然后将浸润树脂的玻璃纤维布裹在橡胶气囊上,并捆绑细铁丝,如图 5-24、

图 5-25所示。

(6)管道内衬修补器把玻璃纤维材料导入需要修复的管道内位置。

(7)修补器充气膨胀,使材料与管壁紧密黏贴在一起,见图 5-26。对于接口错口、脱节部位,由于玻璃纤维材料在固化前本身没有刚度,因此在气压作用下玻璃纤维材料在接口错口、脱节部位处可与管壁粘贴在一起,内衬材料强度以及与原有管道的黏结强度足以承受管道外侧水压及管内水流冲刷。

(8)保持充气气囊压力 1h 使材料固化。

(9)管道内衬修补器放气,撤离,固化后的玻璃纤维紧密粘贴在管道内壁上,修复工作完成,修复后效果见图 5-27。

图 5-24 缠绕塑料薄膜

图 5-25 捆绑铁丝

图 5-26 修补气囊膨胀

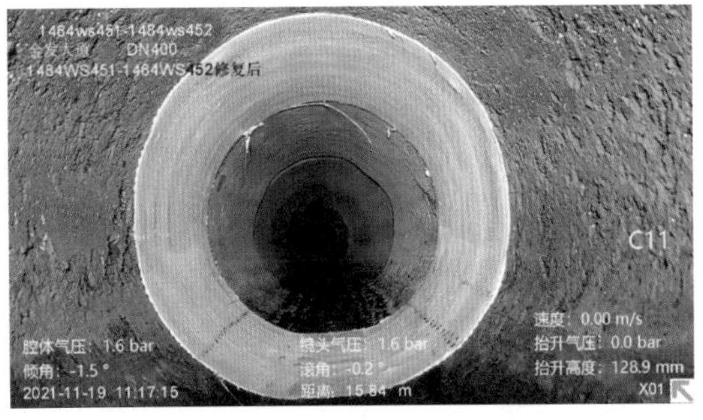

图 5-27 修复后效果

2.点状原位固化法施工材料

点状原位固化法施工材料应符合下列规定:

(1)内衬筒的织物应选用耐化学的 CRF 玻璃纤维,规格为 $1050 \sim 1400 g/m^2$。

(2)采用常温固化树脂时,树脂的固化时间宜为 1~2h。

(3)内衬筒的织物浸渍完成后,应立即进行修复施工,否则应将浸渍树脂后的织物保存在存储温度以下,并不应受灰尘等杂物污染,在理论开始固化时间前不能完成安装的材料应做报废处理。

九、碎(裂)管法

1. 施工工艺要点

施工前应查明既有管线的材质和性能、工程地质和水文地质条件以及周边地下管线和建(构)筑物的类型与状态。施工过程中不得对周边环境、地下管线或其他建(构)筑物造成破坏。采用静拉碎(裂)管法(图 2-27)进行管道修复施工应符合下列规定：

(1)应根据管道直径及材质选择不同的碎(裂)管设备(图 5-28)。

(2)当碎(裂)管设备包含裂管刀具时，应从原有管道底部切开，切刀的位置应处于与竖直方向成 30°夹角的范围内。

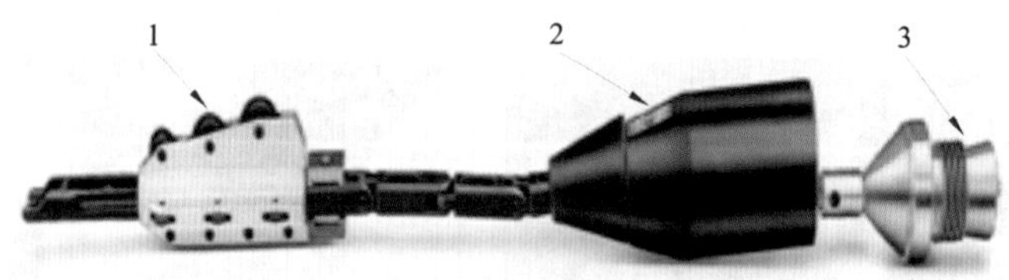

1. 裂管刀具；2. 胀管头；3. 管道连接装置

图 5-28　静拉碎(裂)管工具

采用气动碎管法(图 2-28)进行管道修复施工时，应符合下列规定：

(1)采用气动碎管法时，碎裂管设备与周围其他管道距离不应小于 0.8m，且不小于待修复管道的直径，与周围其他建筑设施的距离不应小于 2.5m，否则应采取保护措施。

(2)气动碎管设备应与钢丝绳或拉杆连接，碎(裂)管过程中，应通过钢丝绳或拉杆给气动碎管设备施加一个恒定的牵拉力。

(3)在碎管设备到达出管工作坑之前，施工不宜终止。

当需开挖工作坑时，工作坑的位置确定应满足下列要求：

(1)工作坑的坑位应避开地上建筑物、架空线、地下管线或其他构筑物。

(2)工作坑不宜设置在道路交汇口、医院入口、消防队入口处。

(3)工作坑宜设计在管道变径、转角、消防栓、阀门井等处。

(4)一个施工段的两工作坑的间距应控制在施工能力范围内。

(5)工作坑的尺寸应满足设计要求。

管道的连接应满足下列要求：

(1)PE 管采用热熔对接时，热熔对接应符合《塑料管材和管件 聚乙烯(PE)管材/管材或管材/管件热熔对接组件的制备》(GB/T 19809—2005/ISO 11414：1996)的规定。

(2)PE 管采用机械连接时，连接处应连接紧固。

新管道在拉入过程中应符合下列规定：

(1)新管道应连接在碎(裂)管设备后随碎(裂)管设备一起拉入。

(2)新管道拉入过程中宜采用润滑剂降低新管道与土层之间的摩擦力。

(3)施工过程中牵拉力陡增时，应立即停止施工，查明原因后方可继续施工。

(4)管道拉入完后自然恢复时间不应小于4h。

推顶(牵拉)内衬短管时,应对短管末端放置硬橡胶挡板对管口进行保护,油缸应缓慢匀速推进。

在进管工作坑及出管工作坑中应对新管道周围土体进行注浆加固,加固长度不应小于200mm。

应做好碎(裂)管法施工的牵拉力、速度,内衬管长度和拉伸率、贯通后静置时间等记录和检验。

2. 碎(裂)管法施工材料

内衬管材可选PE、PVC管材,碎(裂)管更新法所用PE管材应符合下列规定:

(1)管材应选择PE80或PE100及其改性材料。

(2)管材规格尺寸应满足设计要求,尺寸公差允许范围应符合《给水用聚乙烯(PE)管道系统 第1部分:总则》(GB/T 13663.1—2017)的相关规定。

(3)管材力学性能应符合表5-14的要求。

表5-14　内衬PE管材力学性能要求

检验项目	MDPE PE80 及其改性材料	HDPE PE80 及其改性材料	HDPE PE100 及其改性材料	试验方法
屈服强度/MPa	>18	>20	>22	《热塑性塑料管材 拉伸性能测定 第2部分:硬聚氯乙烯(PVC-U)、氯化聚氯乙烯(PVC-C)和高抗冲聚氯乙烯(PVC-HI)管材》(GB/T 8804.2—2003)
断裂伸长率/%	>350	>350	>350	《热塑性塑料管材 拉伸性能测定 第2部分:硬聚氯乙烯(PVC-U)、氯化聚氯乙烯(PVC-C)和高抗冲聚氯乙烯(PVC-HI)管材》(GB/T 8804.2—2003)
弯曲模量/MPa	600	800	900	《塑料 弯曲性能的测定》(GB/T 9341—2008/ISO 178:2001)

十、注浆堵漏加固法

1. 施工工艺流程

注浆堵漏加固法施工流程分为进场→漏水点分析→钻注浆孔→埋设注射针头(或注浆导管)→高压注浆→切除(或取出)注浆针头→采用聚合物水泥处理注浆针头的露头。

(1)钻孔:注浆施工技术性较强,需根据漏水点和裂缝大小、分布等情况设置注浆孔。注浆孔应钻入到漏失部位,对于漏失裂缝而言,注浆孔因沿裂缝两边交叉式钻入。以45°角钻入注浆孔，并与裂缝或接缝斜交，最理想的情况是钻孔与缝的交接部位在墙体或结构体厚度的一半位置，如图 5-29 所示。

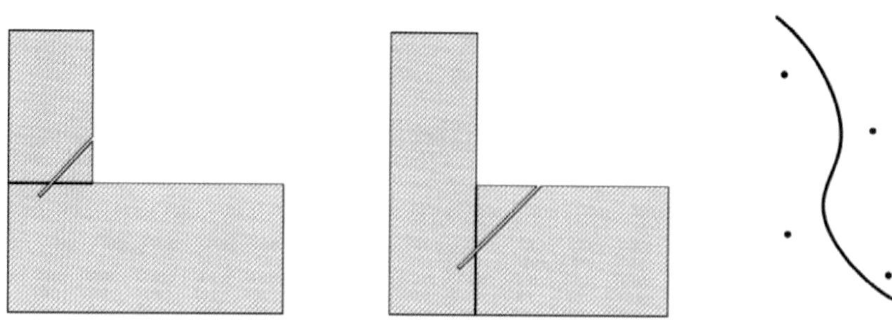

图 5-29　注浆孔钻孔寄布置方式示意图

(2)埋深注浆针：观察主漏水孔的压力，水流不急、压力不大时可用快干堵漏剂埋注注浆止水针头(根据施工情况也可打入木楔再用快干堵漏剂封堵，结构稳固后再重新钻开木楔，再安装膨胀止水针头)当结构达到一定的强度没有渗漏时，其他泄水孔分别安装止水针头，用专用扳手拧紧，使注浆嘴周围与钻孔之间无空隙、不漏水；遇墙面慢渗也需依次安装膨胀止水针头，漏水点分别按层次错口安装 25cm、10cm、8cm 止水针头，这样注浆可以从深层至表层完全密实注浆堵塞所有孔洞、缝隙。

(3)注浆：使用高压注浆机试压，不得超过混凝土结构受压范围，按工程需要调节好黏度和反应时间等指标，向注浆孔内灌注聚氨酯注浆液，单孔逐一连续进行，当相邻孔开始出浆后，保持压力 3～5min，即可停止本孔注浆，改注相邻注浆孔，待所有的孔都灌完后，将注浆泵的料筒用丙酮、二甲苯等清洗剂清洗干净。

(4)注浆针清理：注浆完毕 24h，确认不漏即可拔去或切除高出基面的注浆针，清理干净已固化的溢漏出的注浆液，并对结构基面进行修补处理。

2. 施工工艺要点

注浆时调节注浆温度不宜低于 20℃。采用管外注浆法时，应符合下列规定：

(1)应探明待修复管道上部管线及其他地下构筑物分布情况。

(2)根据专项设计方案对注浆孔的位置进行定位。

(3)钻孔深度应达到待修管道外部病害区域。

(4)注浆过程中应采用 CCTV 或 QV 等可视化设备进行实时监控，如材料进入管道内应减慢注浆速度或采用间歇注浆法。

(5)注浆过程中，如产生管道偏移应中断注浆，调整注浆方案。

采用管内注浆法时，应遵循下列要求：

(1)根据专项设计方案对注浆孔的位置进行定位。

(2)钻孔深度应钻穿管壁，孔径不宜大于 25mm。

(3)注浆结束后，截断留在管壁内的注浆管，并做好封堵工作。

(4)应对注浆完毕管段内的施工垃圾进行清理。

注浆压力应根据地下管道埋深、地质条件和浆液性能进行试验确定。

3.注浆堵漏加固材料

速派克聚氨酯注浆材料可用于各类建筑设施的止水堵漏以及各类地下工程的止水和空洞填充等,如各类地下结构漏点封堵、隧洞涌水治理、地下空洞及采空区填充等。

聚氨酯注浆材料根据化学成分分为3类:①双组分聚氨酯树脂,组分A为聚醚/聚酯多元醇、催化剂和其他助剂构成的混合物,组分B为异氰酸,固化后形成聚氨酯刚性或弹性的固结体或泡沫;②单组分聚氨酯树脂,聚氨酯预聚体与周围环境及建筑结构中的水分或潮气反应形成聚氨酯树脂弹性体或泡沫;③双组分聚氨酯无机复合树脂,组分A为多元硅酸盐,组分B为异氰酸酯。

速派克聚氨酯注浆材料具有以下特点:

(1)聚氨酯注浆材料注入地层或结构裂隙、空洞后,与水发生反应后体积急剧膨胀,从而将渗漏通道堵塞,而泡沫体本身不透水,因此实现有效堵水。同时,膨胀压力有助于将松散土体挤密并固结在一起,有利于土体的稳定。

(2)优异的穿透性、适宜的凝胶时间。聚氨酯材料可根据现场环境,精确调节注浆材料的黏度和凝结时间,使其达到最佳的使用效果。聚氨酯注浆材料的黏度可以在较大范围内调节,从而适应各种渗透系数的土壤;如低黏度的浆液对地基缝隙、微孔隙进行有效渗透,因此即使很小的渗漏通道都可以堵住。

(3)优良的耐久性和机械特性。聚氨酯注浆材料与岩土体基层形成固结体后的抗压强度、抗剪切力要高,在地下水环境、干湿、冻融交变等环境条件下,力学性能变化小。一般化学注浆材料与地下水反应后形成亲水性固结体,在凝胶中会有较多的自由水,强度较低,并极易受冻融等外界环境变化的影响,致使固结体强度等性能变差。而速派克聚氨酯注浆材料与水分反应后形成憎水性固结体,内部几乎不会有水,因此它不会受干湿环境、冻融交变的影响,也不会因失水而发生收缩,因此堵水完成后不易发生复漏。

(4)在地下环境中,聚氨酯反应后形成的泡沫体性能稳定,可稳定使用50年以上。速派克H100是一种单组分、疏水性的聚氨酯材料,遇水迅速反应,发泡膨胀,主要用于构筑物裂缝堵漏,涌水堵漏效果明显。该材料性与水反应发泡膨胀,短期内膨胀量可达20倍,在裂缝中形成密闭的防水体系,可根据工程需要调节固化时间(调节催化剂含量),涌水环境下效果明显,反应后的防水体耐酸碱和有机溶剂,耐化学腐蚀性好,为无溶剂体系。应用范围包括构筑物裂缝的堵漏、检查井井壁堵漏、管道接口渗漏堵漏、隧道掌子面稳固、管片接口防水、地下构筑物施工缝堵漏。常用材料性能如表5-15所示。

速派克H40注浆加固材料是一种单组分、疏水性的聚氨酯材料,遇水反应,主要用于土壤固化以及砂质地层的地基加固等。

材料性能:①适用于富水环境中地层加固;②化学性能稳定,形成的固结体抗压强度可以达到12MPa;③耐酸碱性和有机溶剂,耐化学腐蚀性好,适用于海水以及污水工程,可确保长期止水;④无溶剂体系。材料性能参数详见表5-16所示。

表 5-15　速派克 H100 材料性能参数表

抗压强度	《树脂浇铸体性能试验方法》(GB/T 2567—2021)	>20	MPa
抗拉强度	《树脂浇铸体性能试验方法》(GB/T 2567—2021)	>2	MPa
弯曲强度	《树脂浇铸体性能试验方法》(GB/T 2567—2021)	>10	MPa
密度	《聚氨酯灌浆材料》(JC/T 2041—2020)	±1	Kg/m³

表 5-16　速派克 H40 材料性能参数表

抗压强度	《树脂浇铸体性能试验方法》(GB/T 2567—2021)	>10	MPa
弯曲强度	《树脂浇铸体性能试验方法》(GB/T 2567—2021)	>10	MPa
密度	《聚氨酯灌浆材料》(JC/T 2041—2020)	±1	kg/m³

十一、机械制螺旋缠绕法

1. 施工工艺流程

机械制螺旋缠绕法施工流程如图 5-30 所示。

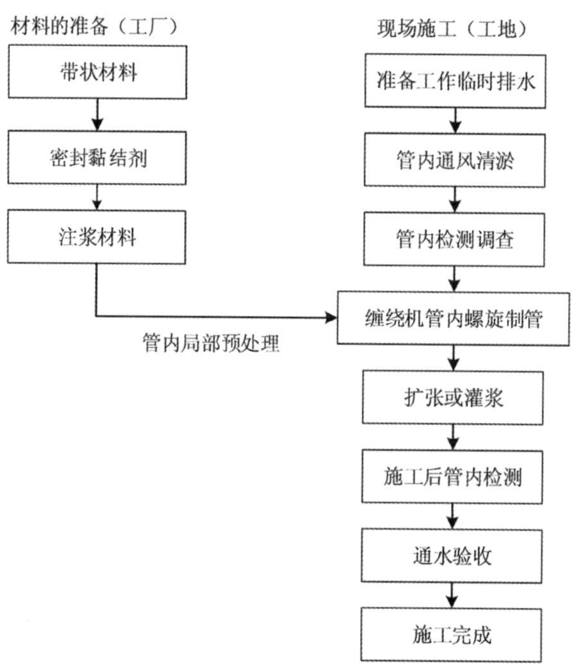

图 5-30　机械制螺旋缠绕法施工流程

2.施工要点

1)扩张法

(1)管道的初步缠绕成型。在机器的驱动下,PVC型材被不断地卷入缠绕机,通过螺旋旋转,使型材两边的主次锁扣互锁,从而形成一条比原管道小的、连续的无缝新管。当新管到达另一检查井(接收井)后,缠绕停止。在缠绕过程中,缠绕机不停地重复以下动作:①将润滑密封剂注入主锁扣的母扣中(这种润滑密封剂在扩张过程中起润滑作用,在扩张结束衬管成形后起密封作用)。②预埋入高抗拉的钢线。这条钢线被拉出时将割断次锁扣使新管能够扩张。但是在新管缠绕成型过程中,钢线并不往外拉。带状型材被卷成一条圆型衬管。

(2)管道的扩张最后成形。缠绕初步成形完成后,缠绕机停止工作。然后在终点处新管上钻两个洞并插入钢筋以防新管在接下来的扩张中旋转。一切就绪后,启动拉钢线设备和缠绕机,随着预埋钢线的缓缓拉出,在缠绕成形过程中互锁的次扣被割断,从而在缠绕机的驱动下使型材沿着的主锁的轨迹滑动并不断地沿径向扩张,直到非固定端(缠绕机端)的新管也紧紧地贴在原管道管壁。通常在新管扩张完成后,对新管两端进行密封(密封材料通常是与新管材料相容的聚乙烯泡沫或聚胺脂)。

2)固定口径法

(1)管道的缠绕:采用固定口径法缠绕新管的过程与扩张法类似,也是当新管到达另一检查孔井后,缠绕成形过程停止。但是,用于螺旋缠绕固定口径管的聚氯乙烯型材可以通过专用热熔机进行热熔对焊,这样每次缠绕管的长度可以更长。

(2)管道的灌浆:按固定尺寸缠绕新管完成后,在母管和新管之间会留有一定的间隙(环形断面),这一间隙可以通过注浆来填满。对于钢塑加强型工艺,由于通过缠绕完成的新管已经设计好能承受所有的水流力、土壤、交通载荷以及外部地下水压,因此注浆本身并不需要用来增强新管的强度,只是起到将荷载传递到衬管上的作用。对于机头行走法工艺,则需要注浆使用的材料强度不小于30MPa。

3)施工操作要求

(1)钢塑增强法螺旋缠绕工艺应符合下列规定:①螺旋缠绕设备应固定在起始检查井中,且其轴线应与管道轴线一致。②内衬管的缠绕成型及推入过程应同步进行,直到内衬管到达目标工作坑或检查井。③内衬管缠绕过程中,钢带应同步安装在带状型材外表面,与型材公母锁扣处嵌合牢固。④当型材截断后进行再连接时,应保证焊缝翻边均匀,焊接牢固。

(2)扩张法螺旋缠绕工艺应符合下列规定:①螺旋缠绕设备应固定在起始检查井中,且其轴线应与管道轴线一致；②内衬管的缠绕成型及推入过程应同步进行，直到内衬管到达目标工作坑或检查井；③内衬管缠绕过程中，应在主锁扣和次锁扣间放置钢丝，并在主锁扣中注入密封剂；④内衬管在扩张前应将端口固定；⑤扩张工艺的钢丝抽拉和螺旋缠绕操作应同步进行，直至整个施工段内衬管扩张完毕；⑥扩张前应在管两端的环形间隙内注入聚氨脂发泡胶，扩张完成后应对端头和检查井连接处用快干水泥进行抹平（图 5-31）。

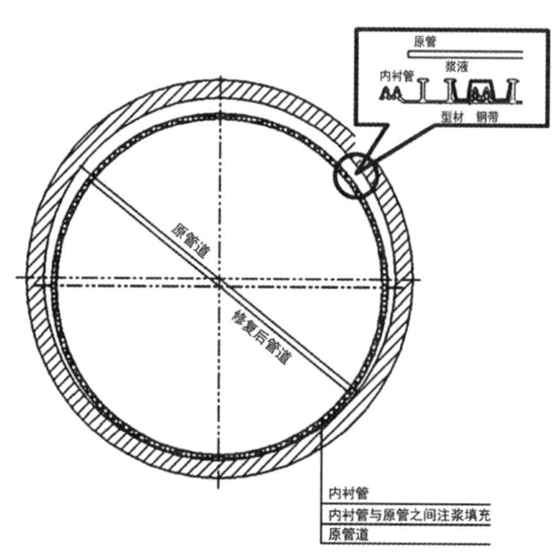

图 5-31　螺旋缠绕钢塑加强型工艺

（3）机头行走法工艺应符合下列规定：①螺旋缠绕设备的轴线应与待修复管道轴线对正；②可通过调整螺旋缠绕设备获得所需要的内衬管直径；③螺旋缠绕设备的缠绕与行走应同步进行；④螺旋缠绕作业应平稳、匀速进行，锁扣应嵌合、连接牢固。

（4）施工速度。根据以往的经验，如果所有的电视闭路电视检测和清洗工作已经完成，依管径、长度和施工现场情况的不同，通常一个管段（约 100m）的更新过程仅需约 3h，每天可以做 2～3 段。

3. 机械制螺旋缠绕法施工材料

带状型材外观质量应符合下列规定：

（1）型材内表面应光滑、平整，无裂口、凹陷和其他影响型材性能的表面缺陷，外表面应布设“T”形加强肋，内表面应喷码，喷码内容应至少包括实时米数、产品规格。型材中不应含有可见杂质。

（2）按照内衬管外径和型号的不同，管壁的厚度应符合设计文件的规定。型材的水槽最小深度不应小于 1.5mm。

（3）每卷型材的长度不宜小于 2000m。

（4）型材公锁扣应连续布满密封材料，密封材料应与型材黏结牢固。

硬聚氯乙烯（PVC－U）带状型材的材料性能应符合表 5-17 的规定。

表 5-17　硬聚氯乙烯(PVC—U)带状型材的材料特性

检验项目	单位	性能要求	测试方法
拉伸弹性模量	MPa	≥2000	《塑料 拉伸性能的测定 第 2 部分:模塑和挤塑塑料的试验条件》(GB/T 1040.2—2006/ISO 527-2:1993),测试速度为 10±2mm/min
拉伸强度	MPa	≥35	
断裂伸长率	%	≥40	《热塑性塑料管材 拉伸性能测定 第 2 部分:硬聚氯乙烯(PVC-U)、氯化聚氯乙烯(PVC-C)和高抗冲聚氯乙烯(PVC-HI)管材》(GB/T 8804.2—2003),测试速度为 5±0.5mm/min
弯曲强度	MPa	≥58	《塑料 弯曲性能的测定》(GB/T 9341—2008/ISO 178:2001),测试速度为 1±0.2mm/min

十二、管片内衬法

1.施工工艺流程

管片内衬法施工工艺流程如图 5-32 所示。

2.施工工艺要点

1)管片置入要求

(1)应选择适合吊入施工作业的井作为施工井,从施工井进行管片模块材料的吊入,另一端检查井为接收井。

(2)当管片进入检查井及原有管道时不得对管片造成损伤。

(3)将管片模块通过检查井运入管内。管片模块下井和管内运输过程中,管内人员不得站在运输物下方,以确保安全。

2)管片拼装要求

(1)采用人工的方法在管内将管片模块材料拼装成一体。

(2)管片之间采用螺栓连接时,应在连接部位注入与管片材料相匹配的密封胶或胶黏剂。

(3)管片拼装时应准确对槽,螺丝应拧紧且受力均匀。

(4)内衬管两端与原有管道间的环状空隙应进行密封处理,密封材料与管片型材兼容。

3)管间隙注浆要求

(1)注浆填充应在 5℃到 30℃的外部温度下进行。在其他情况下,应采取适当的措施。

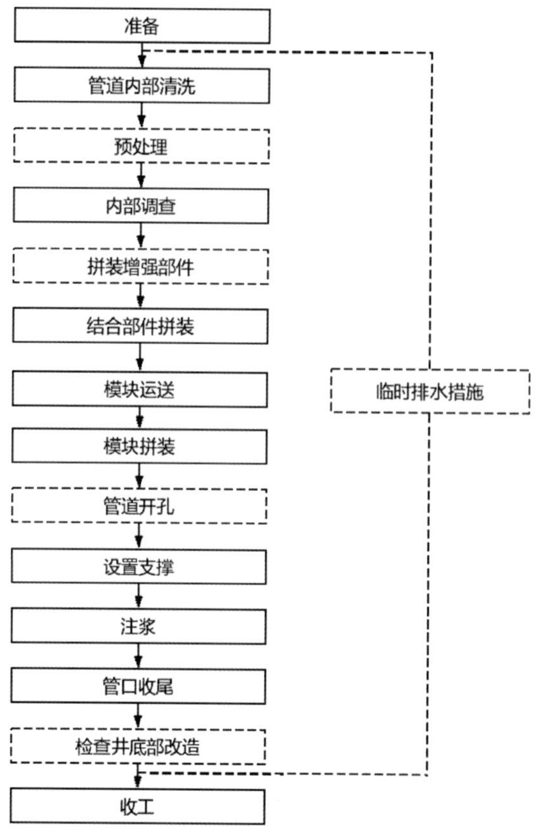

图 5-32　管片内衬法施工流程

(2)注浆填充宜采用分段注浆方式,最终注浆阶段的注浆压力不应大于 0.02MPa。

(3)应采用可调节流量的连续注浆设备(最大 50L/min)。流量不应大于 15L/min。

(4)当从排气口流出的填充剂的比重大于 2.0 时,填充完成,应结束注浆。

(5)注浆填充前应对内衬管进行支护或采取其他保护措施。

(6)注浆时,应两侧对称注入,防止侧向压力过大,造成管道偏移。

(7)注浆完成后应密封内衬管上的注浆孔,且应对管道端口进行处理,使其平整。

(8)当有支管存在时,注浆前应打通内衬管连接并采取保护措施,注浆时浆液不得进入支管。

(9)注浆孔或通气孔宜设置在两端密封处或支管处,也可在内衬管上开孔。

3. 管片内衬法施工材料

管片内衬法由 PVC 模块和特种砂浆等材料组成。模块和接合部的盖板均采用 PVC 材质,符合下水道 PVC 管的标准。

1)模块

模块的材质为聚氯乙烯塑料(PVC),符合下水管 PVC 管的标准。PVC 模块尺寸应符合表 5-18 和表 5-19 规定的修复后管径确定。

表 5-18　圆形管道修复后管径

圆形管道用 PVC 模块		圆形管道用 PVC 模块	
原有管径/mm	修复后管径/mm	原有管径/mm	修复后管径/mm
800	725	1650	1510
900	820	1800	1650
1000	915	2000	1840
1100	1005	2200	2030
1200	1105	2400	2220
1350	1240	2600	2405
1500	1370	—	—

表 5-19　矩形管道修复后尺寸

矩形管道用 PVC 模块		矩形管道用 PVC 模块	
原有矩形管道尺寸/mm	修复后矩形管道尺寸/mm	原有矩形管道尺寸/mm	修复后矩形管道尺寸/mm
1000×1000	895×895	1500×1500	1375×1375
1100×1100	986×986	1650×1650	1525×1525
1200×1200	1076×1076	1800×1800	1675×1675
1350×1350	1225×1225	—	—

管片拼装采用的 PVC 模块结构如图 5-33 与图 5-34 所示。管片材料技术指标应符合表 5-20的规定。

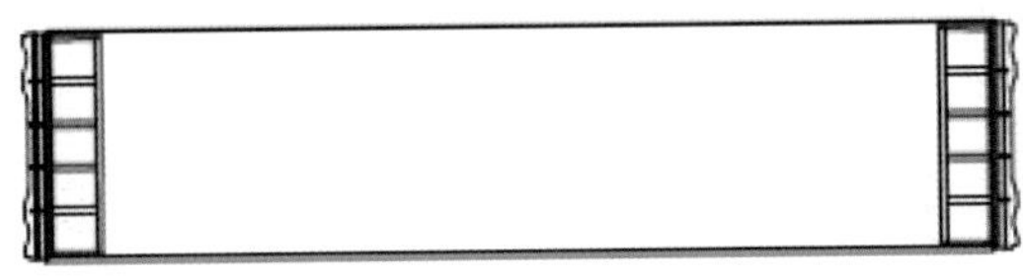

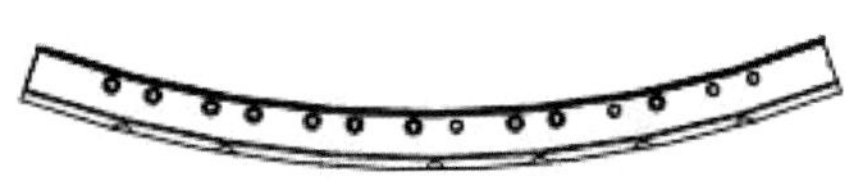

图 5-33　圆形管道用 PVC 模块

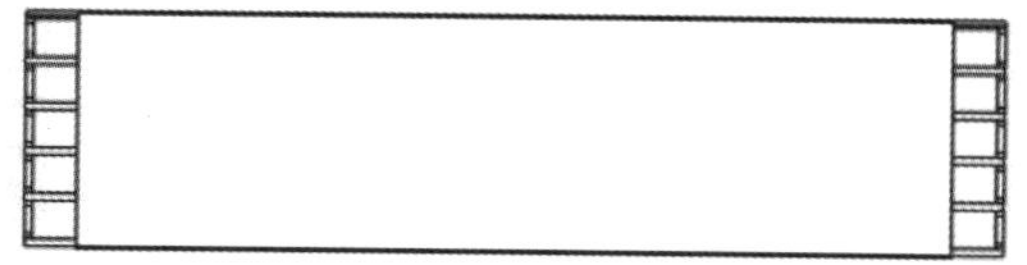

图 5-34　矩形管道用 PVC 模块

表 5-20　管片材料性能要求

检验项目	单位	技术指标	检验方法
纵向拉伸强度	MPa	＞40	《塑料 拉伸性的测定 第 2 部分：模型和挤塑塑料的试验条件》(GB/T 1040.2—2006/ISO 527-2:1993)
热塑性塑料维卡软化温度	℃	＞60	《热塑性塑料维卡软化温度(VST)的测定》(GB/T 1633—2000)

2)特制水泥注浆料

管片拼装技术使用特制水泥注浆料配制而成的特种砂浆，在水中不易分离，具有极好的流动性和强度。特种砂浆的配制以及成分符合表 5-21 的规定。

表 5-21　特种砂浆的配制以及成分

材料	成分	重量/kg
水泥	高炉水泥	1722
砂	最大粒径 1.2mm 的石灰石碎石	
混合料	收缩低减材＋减水剂＋消泡剂＋增黏剂	
水	—	365

特种砂浆应满足强度、流动度等要求，并应符合表 5-22 的规定。

表 5-22　特种砂浆的基本要求

项目	单位	技术指标	检验方法
抗压强度	MPa	＞30	《水泥基灌浆材料应用技术规范》(GB/T 50448—2015)
30min 截锥流动度	mm	≥310	

十三、短管内衬法

1. 施工工艺流程

短管内衬法施工工艺流程如图 5-35 所示：

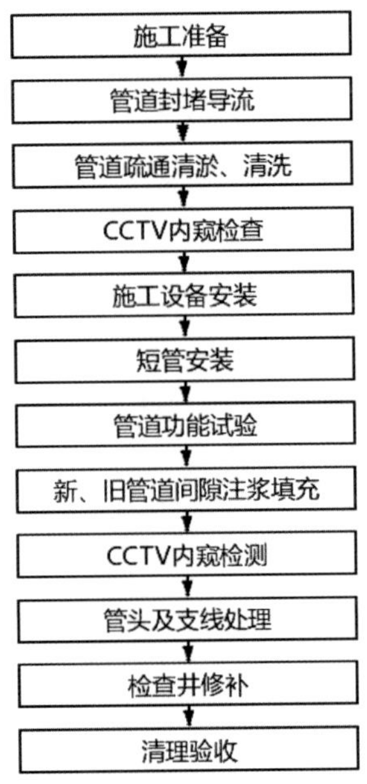

图 5-35　短管内衬法施工流程

2.施工工艺要点

1)施工准备

(1)搜集以下资料:①管道检测或修复的历史资料,如检测评估报告或修复施工竣工报告;②管道运行状态(包括流量峰谷值及时段、管道淤积情况);③待检测管道区域内的工程地质、水文地质资料;④评估所需的其他相关资料;⑤当地道路占用施工的法律法规。

(2)根据管线图纸核对检查井位置、编号、管道埋深、管径、管材等资料;对于检查井编号与图纸不一致或混乱的应重新编号,并用红笔标注在图纸上。

(3)查看原管道区域内的地物、地貌、交通状况等周边环境条件,必要时对每个检查井现场拍摄照片。

(4)按批复方案进行人员、物资、设备配置。

(5)按属地有限空间作业管理规定或《城镇排水管渠与泵站运行、维护及安全技术规程》(CJJ 68—2016)要求报批下井作业。

2)短管切割

(1)管材性能。为提高污水管道耐久性及其强度,内衬短管宜采用高密度聚乙烯(HDPE)管材加工,管材宜采用 HDPE 80、HDPE 100 等级专用混配料。由于同直径(公称外径)同压(公称压力)情况下,HDPE 80 管材壁厚大于 HDPE 100 管材,为尽量减少修复后管道断面损失,宜采用 HDPE 100 管材。

管材性能满足《给水用聚乙烯(PE)管道系统 第 2 部分:管材》(GB/T 13663.2—2018)的

规定。

(2)短管切割。将 HDPE 管材切割成 60～80cm 的短节，长度以满足在检查井内操作为宜。

(3)短管接口设计及加工。为方便内衬短管在现况井室或管道内的连接，一般采用子母口锁扣或螺扣连接，以有效防止合口后管口脱落。

短管子母口连接宜采用过盈配合，以保证接口严密性，同时宜在接口增加密封胶圈和黏结设计，以确保接口严密。

短管子母口连接强度应满足安装时拖拉力(或顶推力)要求或设计要求。

短管接口加工形状应均匀、规整、配合良好，(短节)轴向受力时接触面受力均匀，宜使用专用机床加工，以满足加工精度要求。

3)通风

(1)井下作业前，应开启作业井盖和其上、下游井盖进行自然通风，且通风时间不应少于30min。

(2)人员井下作业，应满足地方政府有关有限空间作业管理规定或执行《城镇排水管渠与泵站运行、维护及安全技术规程》(CJJ 68—2016)的规定。

4)封堵导流

(1)管道修复宜避开雨天进行施工。

(2)如原管道内过水量很小，修复期间可在上游采用堵水气囊或沙袋进行临时封堵，以防止上游来水流入原管道。

(3)当上游来水量较大时，则需要在保证上游管道系统运行安全的情况下通过管道系统或水泵抽升进行导流。

5)管道疏通清理

(1)管道内沉积的淤泥及其他异物会影响新管行进、位置偏移或对新管造成损伤，故在进行施工前需对现况污水管和检查井进行清淤及障碍物清理作业。

(2)管道清理完成后，管内应无悬挂物、硬质附着物及可能损坏插入管道的尖锐物。

(3)清理完成后采用与内衬短管同直径的短管进行试通。

6)施工方法

短管内衬施工一般采用拉杆或链条牵引就位的方法，或根据实际条件采用单向顶推方法施工(在检查井内设置千斤顶，将连接后的短管全部顶入原管道中)，或采用前方牵引导向、后方顶推入位的联合方式。

7)功能性检验

内衬短管施工就位完成后进行闭水或闭气检验。

8)注浆

为使新、旧管道结合紧密且共同作用,需要在内衬短管与旧管的间隙内填充水泥浆。在注浆过程中,为防止漂管采用多次注浆方法,注浆压力不大于 0.1MPa。一般分 3 次以上进行。注浆以在上游井管道顶部预留出浆口有浆液流出时,停止注浆。

因原管道局部破损形成土体空洞时,宜通过地面注浆充实。

胀插短管内衬施工无须管道间隙充填注浆。

3.管短管内衬法施工材料

(1)对用于水泥管的 HDPE 短管内衬抗腐蚀性能要求见表 5-23。

(2)由环刚度变为短管内撑实环向受压力及内受压力。①外渗受压:0.08MPa;②内压力:≥0.3~0.5MPa。

(3)注浆材料为流动性好、无收缩或收缩性小的水泥浆,管端间隙处理宜采用油麻和微膨胀水泥砂浆。

表 5-23 内衬管抗腐蚀性能表

试剂	浓度	试验温度		试剂	浓度	试验温度	
种类	%	20℃	60℃	种类	%	20℃	60℃
醋酸	—	好	好	硫酸	60	好	好
	25	好	好		70	好	好
	50	一般	差		80	好	一般
	70	一般	差		95	一般	差
磷酸	50	好	好	亚硫酸	30	好	好
	90	好	好	氨溶液	35	好	好
	95	好	好	丁酸	浓酸	好	一般

第六章　工程验收

第一节　基本要求

城镇排水管道非开挖修复工程的质量验收应符合现行国家标准《给水排水管道工程施工及验收规范》(GB 50268—2008)和《城镇排水管道非开挖修复工程施工及验收规程》(T/CECS 717—2020)的有关规定。

城镇排水管道非开挖修复工程的分项、分部、单位工程划分应符合表6-1的规定。

表6-1　城镇排水管道非开挖修复工程的分项、分部、单位工程划分

单位工程(可按1个施工合同或视工程规模按1个路段、1种施工工艺,分为1个或若干个单位工程)		
分部工程	分项工程	分项工程验收批
两井之间	工作井(围护结构、开挖、井内布置)	每座
	原有管道预处理	两井之间
	PE管道接口连接	
	(各类施工工艺)修复管道	

注:当工程规模较小时,如仅1个井段,则该分部工程可视同单位工程。

单位工程、分部工程、分项工程以及分项工程验收批的质量验收记录应符合现行国家标准《给水排水管道工程施工及验收规范》(GB 50268—2008)附录B的规定。

工作井分项工程质量验收应按现行国家标准《给水排水管道工程施工及验收规范》(GB 50268—2008)的相关规定执行。

PE管道接口连接的分项工程质量验收应按现行国家标准《给水排水管道工程施工及验收规范》(GB 50268—2008)的相关规定执行。

根据不同的修复工艺对施工过程中需要检查验收的资料应进行核实,符合设计、施工要求的管道方功能性试验可进行管道。

进入施工现场所用的主要原材料、各类型材和管材的规格、尺寸、性能等应符合本指南的规定和设计要求,每一个单位工程的同一生产厂家、同一批次产品均应按设计要求进行性能复测。

修复后的管道内应无明显湿渍、渗水,严禁滴漏、线漏等现象;修复管道内衬管表面应光洁、平整，无局部划伤、裂纹、磨损、孔洞、起泡、干斑、褶皱、拉伸变形和软弱带等影响管道结构、使用功能的损伤和缺陷。

工程完工后应按现行行业标准《城镇排水管道检测与评估技术规程》(CJJ 181—2012)的有关规定对修复管道进行检测。

第二节 不同修复工艺的检查与验收

一、原位固化法

翻转式原位固化法与紫外光原位固化法质量验收项目除力学性能指标外，其他基本相同，故本节将两种工法质量验收合并。固化法修复后，内衬管应按每个施工段不少于一组的规定或按设计要求进行现场取样。宜在原有管端部取样。

样品送检应符合下列规定：

(1)应由第三方进行检测，并出具完整检测报告。

(2)每个样品应有样品说明单，其内容至少包括如下信息：①内衬材料、尺寸、树脂类型、内衬生产商；②施工日期、采样日期；③采样位置、采样方法；④测试委托方、施工方签字确认。

1. 主控项目

原位固化法修复后应按表 6-2 进行内衬检测。

表 6-2 原位固化法修复后内衬检测性能表

测试项目	测试指标	性能指标		试样尺寸及测试标准		试样数量
		普通毡内衬管/MPa	玻璃纤维内衬管/MPa	普通毡衬管	玻璃纤维衬管	
三点弯曲测试	抗弯强度	设计要求	设计要求	《塑料 弯曲性能的测定》(GB/T 9341—2008/ISO 178:2001)	《纤维增强塑料弯曲性能试验方法》(GB/T 1449—2005)	5
	短期弯曲弹性模量	设计要求	设计要求	《塑料 弯曲性能的测定》(GB/T 9341—2008/ISO 178:2001)	《纤维增强塑料弯曲性能试验方法》(GB/T 1449—2005)	
拉伸试验	抗拉强度	设计要求	设计要求	《塑料 拉伸性能的测定 第 2 部分：模塑和挤塑塑料的实验条件》(GB/T 1040.2—2022)	《塑料 拉伸性能的测定 第 4 部分：各向同性和正交各向异性纤维增强复合材料的实验条件》(GB/T 1040.4—2006/ISO 527-4:1997)	3

续表 6-2

测试项目	测试指标	性能指标		试样尺寸及测试标准		试样数量
		普通毡内衬管/MPa	玻璃纤维内衬管/MPa	普通毡衬管	玻璃纤维衬管	
厚度测试	最小厚度	不小于设计值，单个样品测试值与平均厚度值偏差不大于 10%		《塑料管道系统 塑料部件 尺寸的测定》(GB/T 8806—2008/ISO 3126:2005)		8
密实性试验	材料样本透水性	无水渗透		T/CECS 559—2018		3

管壁密实性测试方法：

试样应从现场已固化 CIPP 内衬管上截取，测试时应满足下列要求。

(1)测试应在室温条件下进行，要求温度为 21～25℃。

(2)每施工段应取 1 个试样检测，每个样品的试验点数不少于 3 个。

(3)样品在检测前应在测试环境中至少放置 4h。

(4)检测介质为染色的饮用水，不含松弛剂。

样品制备应符合下列规定：

(1)当薄膜或者涂层是内衬管道的一部分时，不得破坏内衬表面的涂层。

(2)当薄膜或者涂层不是内衬管道的一部分时，应进行下列操作：①采用游标卡尺精确材料薄膜或者涂层厚度；②切割 10 个相互垂直的切口，形成尺寸为 4 mm×4mm 的网格；③采用相关辅助器材，控制切割厚度；④样品在检测前需在指定的检测环境中储存至少 4h。

测试应符合下列规定：

(1)测试时采用如图 6-1 所示的系统，形成外侧受负压的状态。

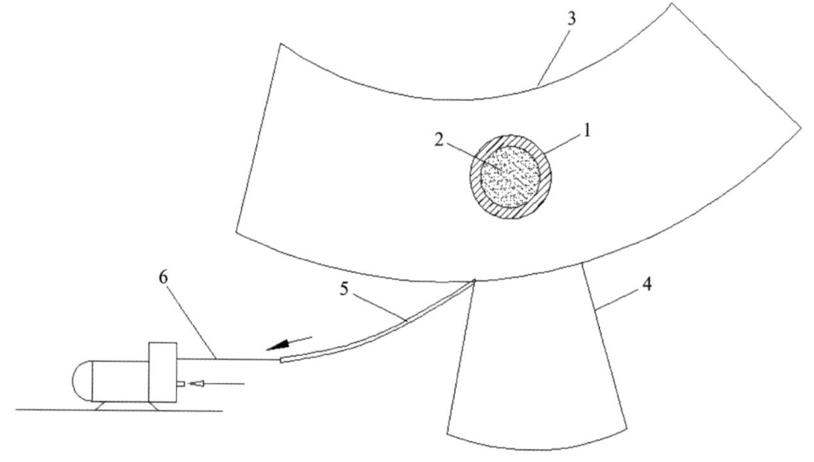

1. 橡皮泥；2. 带颜色的水；3. CIPP 试样；4. 透明玻璃瓶；5. 气管；6. 抽气装置

图 6-1 管壁密实性试验方法及装置

(2)检测面积的直径为 45mm±5mm。

(3)检测使用的介质(带颜色的试验水)放置在样品内侧。

(4)检测压力为−0.05MPa(误差为±2.5kPa)。

(5)检测时长为 30min。

测试时间结束后,每个样品的 3 个检测点上,均无测试介质渗透至玻璃瓶中,则判断测试通过,否则不通过。

2.一般项目

(1)原位固化法修复后的管道表面质量应符合下列规定:①内衬管与原管道贴附紧密,无明显突起、凹陷、错台、空鼓等现象;②内衬管表面光洁、平整,无划伤、裂纹、磨损、孔洞、气泡、干斑、冷斑、脱皮、分层、折痕、杂质和软弱带等影响管道使用的缺陷;管道严禁有渗水现象;③内衬管褶皱应满足设计要求,当设计无要求时,最大褶皱不应超过 6mm。

(2)修复后管道表面质量应符合本规程相关规定。

检查方法:观察(CCTV 辅助检查)或检查施工记录、CCTV 记录等。检查数量:全数。

(3)修复后管道线形平顺,折变或错台处过渡平顺;环向断面圆弧饱满。

检查方法:观察(CCTV 辅助检查),或检查施工记录、CCTV 记录等。检查数量:全数。

(4)内衬管起点和终点端部密封处理符合设计要求,且密封良好、饱满密实。

检查方法:观察或对照设计文件检查施工记录等。检查数量:全数。

(5)修复管道的检查井及井内施工符合设计要求,无渗漏水现象。

检查方法:观察或对照设计文件和施工方案检查。检查数量:全数。

二、垫衬法

1.主控项目

垫衬法修复工程质量验收应符合下列规定:

(1)对施工过程中检查、验收的资料应进行核实,符合设计文件要求的管道方可进行管道功能性试验。

(2)现场检验和抽样检验应认真做好检验记录并存档。检验记录内容应包括工程编号、项目名称、施工单位名称、施工负责人、施工地点、管道规格、管材类型、修复长度、材料名称、生产厂家、生产日期、质量检验项目等内容。

修复管道质量检验应符合下列规定:

(1)塑料衬垫材料的规格、尺寸、性能应符合本规程的规定和设计要求。

检查方法:材料进场检查应对照设计文件检查质量保证资料、厂家产品使用说明等。材料性能检验应对同一批次产品现场取样不少于 1 组,对照设计文件检查取样检测记录、复测报告等。检查数量:全数。

(2)灌浆料的性能应符合本规程的规定和设计要求。

检查方法:对照设计文件检查取样检测记录、复测报告等;检查数量:灌浆料性能检验应对同一批次产品现场取样不少于1组。

(3)内衬管的平均壁厚不得小于设计值。

检查方法:用尺子测量修复后的内衬管内径。对照设计文件,原管内径与内衬管内径之差的1/2即为内衬管的厚度。内衬管的厚度为设计值的±2mm或原管道标称直径的1%时均为合格。检查数量:当内衬管内径大于或等于800mm时,应在管道内测量至少3个断面;当内衬管内径小于800mm时,应测量管道两端各1个断面,取平均值为该断面的代表值。

(4)塑料衬垫内衬焊接焊缝应清晰,无漏焊

检查方法:采用加压充气或电火花检测方法,检查施工记录、焊接记录等。检查数量:全数检查。

单焊缝采用电火花检测,不产生电火花时为合格。双焊缝采用加压充气法检测,当焊缝不漏气、无脱开、压力没有明显下降时为合格。

(5)灌浆固结体应充满环状间隙,无松散、空洞等现象

检查方法:观察;对照设计文件和施工方案检查施工记录、灌浆记录等。检查数量:全数。

(6)内衬管两端与原有管道间的环状空隙密封处理应符合设计要求,且应密封良好

检查方法:全数观察;对照设计文件检查施工记录等。检查数量:全数。

2.一般项目

修复后的管道外观质量应符合下列规定:

(1)管道接口、接缝应平顺,内衬与原有管道过渡应平缓,不得出现渗漏现象。

检查方法:CCTV检查或人工检查,检查施工记录。检查数量:全数检查。

(2)修复管道的检查井及井内施工应符合设计要求,并应无渗漏现象。

检查方法:全数观察;对照设计文件和施工方案检查施工记录等。检查数量:全数。

原管道预处理验收应符合下列规定:

(1)原有管道经预处理后,应无影响垫衬法施工工艺的缺陷,管道内表面应符合设计规定。

检查方法:CCTV检查或人工检查,检查施工记录。检查数量:全数。

(2)原有管道的预处理应符合设计和施工方案的要求。

检查方法:检查施工记录。检查数量:全数。

(3)应按要求进行管道周边土体加固处理,且应符合设计和施工方案的要求。

检查方法:检查施工记录、技术处理方案和施工检验记录或报告。检查数量:全数。

三、水泥基材料喷涂法

1.主控项目

(1)水泥基材料性能应符合设计要求,质量保证资料齐全。

检查方法:对照设计文件全数检查、出厂检测报告、现场抽样检测报告、检查质量保证资料、厂家产品使用说明等。检验数量:全数。

(2)施工过程中,应对现场搅拌好的砂浆进行现场取样制作试块并送业主指定的第三方机构测试,取样频次应满足设计要求;设计未明确要求时,修复检查井时应按每半个台班取样1组或每5口井取样1组;管道修复时应按每个喷筑回次取样1组。现场取样测试指标应符合表6-3的要求。

表6-3　水泥基材料现场取样检测项目及依据

检验项目	单位	龄期	性能要求	检验方法
抗压强度	MPa	28d	≥65	《水泥胶砂强度检验方法(ISO法)》(GB/T 17671—2021)
抗折强度	MPa	28d	≥9.5	

(3)内衬厚度满足设计要求。

检查方法:采用测厚尺在未凝固的内衬表面随机插入检测,每个断面测3～4个点,以最小插入深度作为内衬厚度,或在监理的见证下,在检查井或管道断面设置标记钉,当内衬完全覆盖全部标记钉时认为厚度满足要求。检验数量:全数。

2.一般项目

(1)修复后内衬表面应平整,无明显湿渍、渗水,严禁滴漏、线漏等现象;流槽平顺、管口与井壁结合严密。

检查方法:观察、QV或CCTV检测。检验数量:全数。

(2)修复施工记录齐全、正确。

检查方法:对照设计文件和施工方案的规定进行检查。检验数量:全数。

四、热塑成型法

修复完成后,内衬管应按每个施工段不少于一组的规定进行现场取样。

样品管现场取样应符合下列规定:①应在原有管道管封堵处进行取样;②若现场封堵处尺寸不能满足取样要求,则需在施工时安装一段与原有管道内径相同的拼合管进行样品管制备,拼合管的长度应使样品管能满足测试试样的数量和尺寸要求,且长度不应小于原有管道1倍直径。

1.主控项目

修复后内衬管的尺寸、性能检测应符合下列规定:①壁厚检验应按现行国家标准《塑料管道系统 塑料部件 尺寸的测定》(GB/T 8806—2008)的有关规定执行,壁厚应符合设计要求;②壁厚检测方法,测量值不小于设计最小值。

内衬管质量检测应符合下列规定:

(1)原材料衬管的规格、尺寸、性能应符合设计要求。

检查方法:对照设计文件全数检查;检查质量保证资料、厂家产品使用说明等。

(2)内衬管主要材料的主要技术指标经进场检验应符合设计要求。

检查方法:生产厂家证明文件,并对主要力学性能进行现场取样复检,检验项目及指标。

(3)壁厚检查。

检验方法:现场取样,按照《塑料管道系统 塑料部件 尺寸的测定》(GB/T 8806—2008/ISO 3126:2005)进行抽样检查,检查结果不得小于设计壁厚要求。现场取样为每一项目的每一管径、每一厚度取样送检。

2.一般项目

安装前,热塑成型内衬管表面应光洁、平整,无局部划伤、裂纹、磨损、孔洞、起泡、干斑、褶皱、拉伸变形和软弱带等影响管道结构、使用功能的损伤和缺陷。

安装后,热塑成型内衬管表面外观检查结果应符合下列规定:①无裂缝、孔洞、干斑、脱落、灼伤点、软弱带和可见的渗漏现象;②应紧贴原有管道,内壁顺滑,无明显的环形褶皱;③无由于内衬自身引起的隆起;④内衬管两端与原有管道间的环状空隙密封处理应符合设计要求,且应密封良好。

检查方法:采用影像检测或观察。检查数量:全数。

五、碎(裂)管法

1.主控项目

管材、型材、原材料的规格、尺寸应符合设计要求和现行国家有关产品标准规定,质量保证资料应齐全。

检查方法:检查质量保证资料、出厂检验报告。检查数量:全数。

管材、型材、主要材料的主要技术指标经进场复检应符合设计要求和本指南规定。

检查方法:检查取样检测记录、进场复检报告。检查数量:同一生产厂家、同一批次产品现场取样不少于1组;在施工现场管材、型材、主要材料有再形变过程或需分段连接的,同一生产厂家、同一批次产品、每一个加工批次均应按设计要求进行性能复测。

检查方法:按现行国家标准《给水用聚乙烯(PE)管道系统 第5部分:系统适用性》(GB/T 13663.5—2018)中的有关规定。检查数量:按现行国家标准《给水用聚乙烯(PE)管道系统 第5部分:系统适用性》(GB/T 13663.5—2018)中的有关规定。

碎(裂)管法施工前后,应检测管节及接口有无划痕、刻槽、破损等,管道壁厚损失不得大于10%,接口不得破碎。

检查方法:施工前管节及接口全数观察,施工后对牵拉端取样检测。检查数量:全数。

应对修复工艺特殊需要的施工过程中的检查验收资料进行核实,应符合设计、施工工艺要求、记录齐全。

检查方法:检查施工记录。检查数量:全数。

2.一般项目

管道内衬管内壁表面应光洁、平整,无局部划伤、裂纹、磨损、孔洞、变形、错台等影响管道结构、使用功能的损伤和缺陷。

检查方法:全数观察(CCTV 辅助检查);检查施工记录、电视检测(CCTV)记录等。检查数量:全数。

新管道端口不得存在渗漏、土体松散现象。

检查方法:检查注浆记录及 CCTV 检测。检查数量:全数。

六、不锈钢双胀环法

1. 主控项目

(1)止水橡胶圈和不锈钢胀环等工程材料的性能、规格、尺寸应符合本指南的相关规定和设计要求,质量保证资料齐全。

检查方法:检查材料进场验收记录,检查质量保证资料、厂家产品使用说明等;检查止水橡胶圈的出场日期等记录。检查数量:全数。

(2)止水橡胶圈的拉伸强度、断裂延伸率等主要技术指标应符合本指南的相关规定,且任意指标的性能不小于设计值的 95%。

检查方法:对照设计文件按本指南的规定进行检验;检查取样检测记录、复试报告等。检查数量:全数。

2. 一般项目

修复后管道表面质量应满足下列要求:

(1)止水橡胶圈应与原管道紧密贴合,无明显突起、褶皱现象。

(2)修复位置正确,不锈钢胀环安装牢固,橡胶圈与不锈钢胀环表面光洁、平整,无局部划伤、裂纹、磨损、孔洞等影响管道使用功能的缺陷。

(3)管道严禁有渗水现象。

检查方法:全数观察(CCTV 辅助检查);检查施工记录、CCTV 记录等。检查数量:全数。

(4)修复后管道线性和顺,新原有管道过渡平缓,断面损失符合设计要求。

检查方法:全数观察(CCTV 辅助检查);检查施工记录、CCTV 记录等。检查数量:全数。

(5)待修复缺陷部位应被完全覆盖,止水橡胶圈与原管壁贴合紧密。

检查方法:全数观察(CCTV 辅助检查),对照设计文件和施工方案检查施工记录等。检查数量:全数。

(6)胀环两端部密封处理符合设计要求,且密封良好、密实。

检查方法:全数观察;对照设计文件检查施工记录等。检查数量:全数。

(7)修复施工记录齐全、正确。

检查方法:对照设计文件和施工方案按本指南的规定进行检查,检查施工记录等。检查数量:全数。

七、不锈钢快速锁法

1. 主控项目

不锈钢快速锁技术参数应符合本指南规定和设计要求，质量保证资料齐全。

检查方法：对照设计文件全数检查；检查质量保证资料、厂家产品使用说明等。检查数量：全数。

2. 一般项目

原有缺陷完全被修复材料覆盖，已修复部位没有明显漏水、渗水。

检查方法：全数观察（CCTV 辅助检查）；检查施工记录、CCTV 记录等。检查数量：全数。

八、点状原位固化法

1. 主控项目

(1)浸渍树脂和软管织物等工程材料的性能、规格、尺寸应符合相关规定与设计要求，质量保证资料齐全，浸渍树脂的运输、存储符合要求。

检查方法：对照设计文件按相关规定进行全数检查；检查材料进场验收记录，检查质量保证资料、厂家产品使用说明等；检查浸渍树脂的运输、存储等记录。

(2)固化后内衬管的力学性能、壁厚应符合本指南的有关规定和设计要求。其中壁厚允许偏差应符合：平均壁厚不得小于设计值，且任意点的厚度不应小于设计值的 0%～20%。

检查方法：对照设计文件按本指南的有关规定进行检测；检查样品管或样品板试验报告、检测记录；现场用测厚仪、卡尺等量测内衬管管壁厚度。

2. 一般项目

点状原位固化法修复管道内衬管表面质量应满足下列要求：

(1)内衬与原管道紧密贴合，无明显突起、凹陷、错台、空鼓等现象。

(2)修复位置正确，内衬完整，表面光洁、平整，无局部划伤、裂纹、磨损、孔洞、起泡、干斑、冷斑、脱皮、分层、杂质和软弱带等影响管道使用功能的缺陷。

(3)管道严禁有渗水现象。

检查方法：全数观察（CCTV 辅助检查）；检查施工记录、CCTV 记录等。检查数量：全数。

修复后管道线性和顺，折变或错台处过渡平顺，内衬与原有管道过渡平缓；环向断面圆弧饱满。

检查方法：全数观察（CCTV 辅助检查）；检查施工记录、CCTV 记录等。检查数量：全数。

待修复缺陷部位应被完全覆盖，且延伸宽度应大于 200mm；玻璃纤维层数应不小于 3 层。

检查方法：全数观察（CCTV 辅助检查），对照设计文件和施工方案检查施工记录等。检查数量：全数。

内衬管两端部密封处理符合设计要求，且密封良好、饱满密实。

检查方法:全数观察;对照设计文件检查施工记录等。检查数量:全数。

修复施工记录齐全、正确。

检查方法:对照设计文件和施工方案进行检查,检查施工记录等。检查数量:全数。

九、机械制螺旋缠绕法

1. 主控项目

机械制螺旋缠绕法修复工程质量验收应符合下列规定:

(1) 施工完成,施工过程资料应齐全,方可进行工程验收。

(2) 施工所用的主要原材料应符合《城镇排水管道非开挖修复工程施工及验收规程》(T/CECS 717—2020)中内衬材料的规定和设计相关规定。

(3) 每一个修复工程中不同规格、不同批次的内衬材料均应进行现场取样检测。

(4) 取样应从同批次任一卷轴截取。

(5) 钢带应安装在型材外表面。

内衬管质量检测应符合下列规定:

(1)带状型材和钢带的外观、性能符合本规程和设计要求。

检查方法:外观在材料进场后现场抽检,性能检查产品的合格证、出厂试验报告。检查数量:外观检查不少于进场总量的 1/3。性能检查:全数。

(2)管道的刚度应符合设计要求,当设计无要求时,应符合现行行业标准《城镇排水管道非开挖修复更新工程技术规程》(CJJ/T 210—2014)的有关规定。

检查方法:检查成品的环刚度或刚度系数检测报告。检查数量:检查产品环刚度时,同一项目每种管径留样 1 组。检查刚度系数时,同一项目型材和钢带不同组合留样 1 组。

(3)管道内不得有滴漏和线流现象。

检查方法:修复完成后宜采用 CCTV 闭路电视进行检查,修复后管径大于 800mm 时也可进入管道人工检查。检查数量:全数。

2. 一般项目

修复后的管道外观质量应符合下列规定:

(1)管道内应线形平顺,不得出现纵向隆起、环向扁平和其他变形情况。

检查方法:采用 CCTV 闭路电视进行检查或人工检查。检查数量:全数。

(2)管道环形间隙封堵严密。

检查方法:进入检查井检查。检查数量:全数。

(3)注浆充满度符合设计要求。

检查方法:查阅注浆记录。检查数量:全数。

十、管片内衬法

1. 主控项目

管片内衬修复施工及验收应符合《城镇排水管道非开挖修复工程施工及验收规程》

(T/CECS 717—2020)的规定。

(1)应分别对不同生产批次的管片进行抽样检测。样品应由第三方检测单位进行检测,并应提供检测结果报告。

检查方法:按本指南第五章表5-20的规定进行性能检测。

检查数量:每一批次抽取3块。

(2)同一施工段应采用相同材质的部件,部件不得存在裂缝、漏洞、外来夹杂物、变形或其他损伤缺陷。

检查方法:观察。检查数量:全数。

(3)填充砂浆的质量应符合本指南第五章表5-21的规定。

检查方法:现场测试,按现行国家标准《水泥基灌浆材料应用技术规范》(GB/T 50448—2015)的有关规定执行。

检查数量:每 $10m^3$ 取一组样。

2. 一般项目

每片管片应有清晰的标记,标记应包括生产商的名称、商标、产品编号、产地、生产日期和聚氯乙烯(PVC)材料等级信息等。

修复后管道内壁不得出现鼓包、漏浆等外观缺陷,浆液应充满,无空洞。

检验方法:采用CCTV视频检测或人员进入管内目测检查。检查数量:全数。

修复中使用的黏结剂和密封剂应与PVC复合材料之间拼接工艺相匹配。

十一、短管内衬法

1. 主控项目

(1)短管内衬加工前,管材、原材料的规格、尺寸、性能应符合设计文件和现行国家标准《给水用聚乙烯(PE)管道系统 第2部分:管材》(GB/T 13663.2—2018)的有关规定。

检查方法:检查质量保证资料、出厂检验报告;用卡尺、钢尺量测;进场复测报告。检验数量:同一生产厂家、同一批次产品现场取样不少于1组。

(2)管材短管壁厚、平均外径和不圆度应符合设计文件和现行国家标准《给水用聚乙烯(PE)管道系统 第2部分:管材》(GB/T 13663.2—2018)的有关规定;

检验方法:按现行国家标准《塑料管道系统 塑料部件 尺寸的测定》(GB/T 8806—2008/ISO 3126:2005)的规定测量。检验数量:短管切割后,连接口加工前,短管全数。

(3)管节及管段接口的连接质量应经检验合格。

检查方法:观察。检查数量:全数。

2. 一般项目

短管内衬法修复管道后,管道内壁应符合下列规定:

(1)修复后的管道内壁应无局部裂纹、褶皱、明显变形、脱节;修复部位应完全覆盖。

检查方法:观察,管径小于或等于 800mm 时,应依据 CCTV 检测管道检测图像。检查数量:全数。

(2)应对修复工艺特殊需要的施工过程中的检查验收资料进行核实,应符合设计、施工工艺要求,记录应齐全。

检查方法:检查施工记录。检查数量:全数。

(3)修复管道内壁应光洁、平整、线性、无明显凸起物;接口、接缝应平顺,新、原有管道过渡应平缓。

检查方法:观察,管径小于等于 800mm 时应采用 CCTV 检测。检查数量:全数。

(4)内衬管与原有管道的间隙注浆充填时,注浆固结体应充满间隙,不得有松散、空洞等现象,管段端部的间隙密封处理应符合设计文件的规定。

检查方法:观察;检查施工记录、注浆记录。检查数量:全数。

(5)两端管口密封处理应符合设计文件的规定,管口灰浆应平滑,密封应良好。

检查方法:管道潜望镜检查。检查数量:全数。

管道接口连接的分项工程质量验收应按现行国家标准《给水排水管道工程施工及验收规范》(GB 50268—2008)的有关规定,管节及管件的规格、性能应符合相关产品标准和设计文件的规定,进入施工现场时,管节及管件的外观质量应符合下列规定:

(1)不得有影响结构安全、使用功能及接口连接的质量缺陷。

(2)管节不得有异向弯曲,端口应平整。

(3)管道线性应圆顺,接口应平顺。

(4)胶圈表面应光滑平整,不得有裂缝、破损、气孔、重皮等缺陷,应留取同批次材料以备检查。

检查方法:检查产品质量保证资料;检查成品管进场验收记录。检查数量:全数。

(5)接口连接,两管节中轴线应保持同心,承口、插口部位无破损、变形、开裂,插口推入深度应到位。

检查方法:通过 CCTV 检测,逐个接口检查施工记录。检查数量:全数。

(6)管道内衬管内壁表面应光洁、平整,无局部划伤、裂纹、磨损、孔洞、变形、错台等影响管道结构、使用功能的损伤和缺陷。

检查方法:观察或 CCTV 检测;检查施工记录与 CCTV 检测记录等。检查数量:全数。

第三节　管道功能性试验

内衬管安装完成、内衬管冷却到周围土体温度后,应进行管道严密性试验,严密性试验分为闭水试验和闭气试验。

局部修复管道可不进行闭气或闭水试验。

管道功能性试验涉及水压、气压作业时,应有安全防护措施,作业人员应按相关安全作业规程进行操作。管道水压试验和冲洗消毒排出的水，应及时排放至规定地点，不得影响周围环境和造成积水，并应采取措施确保人员、交通通行和附近设施的安全。

当管道处于地下水水位以下，管道内径大于1000mm，且试验用水源困难或管道有支管、连管接入，且临时排水困难时，可按照现行国家标准《给水排水管道工程施工及验收规范》(GB 50268—2008)混凝土结构无压管道渗水量测与评定方法的有关规定进行检查，并做好记录。经检查，修复管道应无明显渗水，严禁水珠、滴漏、线漏等现象。

1.管道的闭水试验

闭水试验法应按设计要求和试验方案进行。试验管段应按井距分隔，抽样选取，带井试验。管道闭水试验时，试验管段应符合下列规定：

(1)管道及检查井外观质量已验收合格。

(2)管道未回填土且沟槽内无积水。

(3)全部预留孔应封堵，不得渗水。

(4)管道两端堵板承载力经核算应大于水压力的合力；除预留进出水管外，应封堵坚固，不得渗水。

(5)顶管施工。其注浆孔封堵且管口按设计要求处理完毕，地下水位于管底下列。

管道闭水试验应符合下列规定：

(1)试验段上游设计水头不超过管顶内壁时，试验水头应以试验段上游管顶内壁加2m计。

(2)试验段上游设计水头超过管顶内壁时，试验水头应以试验段上游设计水头加2m计。

(3)计算出的试验水头小于10m但已超过上游检查井井口时，试验水头应以上游检查井井口高度为准。

管道闭水试验时，应进行外观检查，不得有漏水现象，实测渗水量应小于或等于按下式计算的允许渗水量：

$$Q_e = 0.0046 D_L$$

式中：Q_e 为允许渗流量[$m^3/(24h \cdot km)$]；D_L 为试验管道内径(mm)。

2.管道的闭气试验

采用低压空气测试塑料排水管道的严密性采用本办法。闭气试验应包括试压和主压两个步骤。试压应按下列步骤进行：

(1)向内衬管内充气，直到管内压力达到27.5kPa。关闭气阀，观察管内气压变化。

(2)当压力下降至24kPa时，往管内补气，使得压力保持在24～27.5kPa之间并且持续时间不少于2min。

试压步骤结束后，应进入主压步骤。主压应按下列步骤进行：

(1)缓慢增加压力直到27.5kPa，关闭气阀停止供气。

(2)观察管内压力变化，当压力下降至24kPa时，开始计时。

(3)记录压力表中压力从 24kPa 下降至 17kPa 所用的时间。

闭气：

(1)比较实际时间与规定允许的时间，如果实际时间大于规定的时间，则管道闭气试验合格，反之为不合格。

(2)如果所用时间已经超过规定允许时间，而气压下降量为零或远小于 7kPa，则也应判定管道闭气试验合格。

气压下降 7kPa 所用时间允许的最小值应满足表 6-4 中的要求。

测试允许最短时间应按下列公式计算：

$$T=0.0010^{2}DK_{t}/Ve$$

$$K_{t}=5.408\times10^{-5}D_{L}$$

式中：T 为压力下降 7kPa 允许最短时间(s)，应按表 5-4 取值；D 为管道平均内径(mm)；K_t 为系数，不应小于 1.0；Ve 为渗漏速率，取 0.456 94×10⁻³(m³/min/m²，渗漏量/时间/管道内表面面积)；L 为测试段长度(m)。

表 6-4　气压下降 7kPa 所用时间允许的最小值

管道内径/mm	最小时间 min/s	最小时间管长度/m	测试管道长度/m								
			30	50	70	100	120	150	170	200	300
100	3:43	185.0	3:43	3:43	3:43	3:43	3:43	3:43	3:43	4:01	6:02
200	7:26	92.0	7:26	7:26	7:26	8:03	9:40	12:4	13:41	16:06	24:09
300	11:10	62.0	11:10	11:10	12:41	18:07	21:44	27:10	30:47	36:13	54:20
400	14:53	46.0	14:53	16:06	22:32	32:12	38:38	48:18	54:44	64:23	96:35
500	18:36	37.0	18:36	25:09	35:13	50:18	60:22	75:27	85:31	100:36	150:54
600	22:19	31.0	22:19	36:13	50:42	72:26	86:56	108:39	123:9	144:53	217:19
700	26:3	26.4	29:35	49:18	69:1	98:36	118:19	147:54	167:37	197:12	295:47
800	29:46	23.0	38:38	64:23	90:9	128:47	154:32	193:10	218:55	257:33	386:20
900	33:29	20.5	48:54	81:30	114:05	162:59	195:35	244:29	277:05	325:58	488:57
1000	37:12	18.5	60:22	100:37	140:51	201:13	241:28	301:50	342:04	402:26	603:39

注：1. 表中对于管道长度值可以采取插值法获取其他长度的最小允许时间；对于管道直径不可采取插值法。2. 表中包括规定的压力从 24kPa 下降到 17kPa 允许的最小时间，采用的允许渗漏速率为 0.456 94×10⁻³m³/min/m²(渗漏量/时间/管道内表面面积)。最大渗漏量不得超过 635Q。

如果测试不合格，应检查渗漏点并进行修复。修复之后，再次进行闭气试验，并应达到规定的要求。

对于长距离大直径的管道，宜采用压力下降 3.5kPa 的方法。气压下降 3.5kPa 所用时间允许的最小值应满足表 6-5 中的要求。

表 6-5　气压下降 3.5kPa 所用时间允许的最小值

管道内径/mm	最小时间 min/s	最小时间管道长度/m	测试管道长度/m								
			30	50	70	100	120	150	170	200	300
100	1:52	92.5	1:52	1:52	1:52	1:515	1:52	1:52	1:52	2:01	3:01
200	3:43	46.0	3:43	3:43	3:43	4:015	4:50	6:20	6:51	8:03	12:05
300	5:35	31.0	5:35	5:35	6:21	6:035	10:52	13:35	15:24	18:07	27:10
400	7:27	23.0	7:27	8:03	11:16	16:06	19:19	24:09	27:22	32:12	48:18
500	9:18	18.5	9:18	12:35	17:37	25:09	30:11	37:44	42:46	50:18	75:27
600	11:10	15.5	11:10	18:07	25:21	36:13	43:28	54:20	66:35	72:27	108:40
700	13:15	13.2	14:43	24:39	34:31	49:18	59:10	73:57	83:49	98:36	147:54
800	14:53	11.5	19:19	32:12	45:45	64:235	77:16	96:35	109:28	128:47	193:10
900	16:45	10.3	24:27	40:45	57:03	81:295	97:48	122:15	138:33	162:59	244:29
1000	18:36	9.3	30:11	50:19	70:26	100:365	120:44	150:55	171:02	201:13	301:50

注：表中对于管道长度值可以采取插值法获取其他长度的最小允许时间；对于管道直径不可以采取插值法。

第四节　工程竣工验收

城镇排水管道非开挖修复工程质量验收应符合现行国家标准《给水排水管道工程施工及验收规范》(GB 50268—2008)的有关规定。

城镇排水管道非开挖修复工程竣工验收应符合下列规定：

(1)单位工程、分部工程、分项工程及其分项工程验收批的质量验收应全部合格。

(2)工程质量控制资料应完整。

(3)工程有关安全及使用功能的检测资料应完整。

(4)外观质量验收应符合要求。

工程竣工验收的感观质量检查应包括下列内容：

(1)管道位置、线形及渗漏水情况。

(2)管道附属构筑物位置、外形、尺寸及渗漏水情况。

(3)检查井管口处理及渗漏水情况。

(4)合同、设计工程量的实际完成情况。

(5)相关排水管道的接入、流出及临时排水工后处理等情况。

(6)沿线地面、周边环境情况。

工程竣工验收的安全及使用功能检查应包括下列内容：

(1)工程内容、要求与设计文件相符情况。

(2)修复前、后的管道检测与评估情况。

(3)管道功能性试验情况。

(4)管道位置贯通测量情况。

(5)管道环向变形率情况。

(6)管道接口连接检测、修复有关施工检验记录等汇总情况。

(7)涉及材料、结构等试件试验以及管材、型材试验的检验汇总情况。

(8)涉及土体加固、原有管道预处理以及相关管道系统临时措施恢复等情况。

工程竣工验收的质量控制资料应包括下列内容：

(1)建设基本程序办理资料及开工报告。

(2)原有管道管竣工图纸等相关资料，工程沿线勘察资料。

(3)修复前对原有管道的检测和评定报告及 CCTV 记录。

(4)设计施工图及施工组织设计(施工方案)。

(5)工程原材料、各类型材、管材等材料的质量合格证、性能检验报告、复试报告等质量保证资料。

(6)所有施工过程的施工记录及施工检验记录。

(7)所有分项工程验收批、分项工程、分部工程、单位工程的质量验收记录。

(8)修复后管道的检测和评定报告及 CCTV 记录。

(9)施工、监理、设计、检测等单位的工程竣工质量合格证明及总结报告。

(10)管道功能性试验、管道位置贯通测量、管道环向变形率等涉及工程安全及使用功能的有关检测资料。

(11)相关工程会议纪要、设计变更、业务洽商等记录。

(12)质量事故、生产安全事故处理资料。

(13)工程竣工图和竣工报告等。

第七章　检查井修复

第一节　基本要求

修复工程应根据检查井检测与评估结果进行设计。

检查井修复后的使用期限应不低于原有管道系统的剩余设计使用期限。

修复工程使用的水泥基内衬材料宜为成品；当需要添加其他材料时，应做好相关验证工作。

排水检查井水泥基内衬修复前应进行预处理。如检查井外围出现土体流失、空洞、基础不稳等现象，应首先对检查井外部进行填充加固处理。

人员进入检查井内，应按现行国家行业标准《城镇排水管渠与泵站运行、维护及安全技术规程》(CJJ 68—2016)的有关规定制定执行。

检查井修复作业应采取交通疏导措施。

第二节　检查井检测与评估

检查井检测应按现行国家行业标准《城镇排水管道检测与评估技术规程》(CJJ 181—2012)的有关规定执行。

检查井结构缺陷评估及修复决策按表 7-1 执行。

表 7-1　检查井结构评估及修复决策表

缺陷等级		
1-2	3-4-5-6-7	8-9-10
渗漏/点状破坏 结构良好	严重渗漏，结构受损	结构破坏
	缺陷等级 1～2 且有以下任意情况	缺陷等级 1～7 且有以下任意情况
孤立的漏点，井壁部位由外往内渗，井盖组件移位或破损，无明显腐蚀现象、爬梯破损、流槽轻微损坏，地下水水位低	井壁面积 15%以上区域渗漏或渗漏达到 1.0m^3/h，井壁结构层脱落，有应修补的空洞、结构发生腐蚀，流槽局部损坏、流槽破裂，地下水水位高	井壁部分缺失，混凝土井壁腐蚀超过 25mm，钢筋裸露，承受重车荷载，检查井位于敏感区域，需要进行低成本的永久性修复以降低相关风险

续表 7-1

修复决策		
封堵漏水部位，修复井盖组件，修补流槽及其边沿	封堵漏点，填充空洞，采用水泥基材料进行修复，化学腐蚀环境下应在内衬表面涂覆有机防腐涂层	采用水泥基材料进行结构性修复，化学腐蚀环境下应在内衬表面涂覆有机防腐涂层，拆除重建

第三节 材 料

水泥基材料材料性能应符合设计要求，质量证明资料齐全。水泥基材料喷筑法所用水泥基材料应符合下列规定：

(1)主要胶凝材料应为水泥，含增强纤维、细骨料及其他改性添加剂。

(2)材料应为工厂生产、统一包装的成品材料。

(3)材料在现场只需与适量的清水充分搅拌即可使用。

(4)搅拌后的浆料应适宜泵送和喷筑。

(5)材料可在潮湿表面使用且不影响内衬与基体的黏结。

排水检查井结构性修复用水泥基材料性能应符合表 7-2 的规定。

表 7-2 结构性修复水泥基材料性能要求及检测方法

项目	单位	龄期	性能要求	检验方法
凝结时间	min	初凝	≤120	《水泥标准稠度用水量、凝结时间、安定性检验方法》(GB/T 1346—2011)
		终凝	≤360	
抗压强度	MPa	24h	≥25.0	《水泥胶砂强度检验方法(ISO 法)》(GB/T 17671—2021)
		28d	≥65.0	
抗折强度	MPa	24h	≥3.5	
		28d	≥9.5	
静压弹性模量	MPa	28d	≥30 000	《建筑砂浆基本性能试验方法标准》(JGJ/T 70—2009)
拉伸粘接强度	MPa	28d	≥1.2	
抗渗性能	MPa	28d	≥1.5	
收缩性	—	28d	≤0.1%	
抗冻性(100 次循环)		28d	强度损失≤5%	
耐酸性	5%硫酸液腐蚀 24h		无剥落、无裂纹	《水性聚氨酯地坪》(JC/T 2327—2015)
	10%柠檬酸；10%乳酸；10%醋酸腐蚀 48h			

注：耐酸性检验用酸均为质量百分数。

排水检查井修复用无机防腐水泥基材料性能应符合表7-3的规定。其中，铝酸盐类水泥基材料中氧化铝含量不应小于15%，单质硫含量不应大于0.5%。

表7-3 无机防腐水泥基材料性能要求及检测方法

项目	单位	龄期	性能要求	检验方法
无机材料成分	%	—	≥95	《干混砂浆物理性能试验方法》(GB/T 29756—2013)
凝结时间	min	初凝	≥45	《水泥标准稠度用水量、凝结时间、安定性检验方法》(GB/T 1346—2011)
	min	终凝	≤360	
抗压强度	MPa	12h1	≥8.0	《水泥胶砂强度检验方法(ISO法)》(GB/T 17671—2021)
	MPa	24h	≥12.0	
	MPa	28d	≥25.0	
抗折强度	MPa	24h	≥2.5	
	MPa	28d	≥4.0	
拉伸黏结强度	MPa	28d	≥1.0	《建筑砂浆基本性能试验方法标准》(JGJ/T 70—2009)
抗渗压力	MPa	28d	≥1.5	
耐酸性	5%硫酸腐蚀24h		无剥落、无裂纹	《水性聚氨酯地坪》(JC/T 2327—2015)
	10%柠檬酸;10%乳酸;10%醋酸腐蚀48h			

注:1.当需要快速恢复通水时可以协商进行12h抗压;2.耐酸性检验用酸均为质量百分数。

单项工程材料用量大于(含)10t时，应对进场材料进行抽样复检，复检要求符合表7-4和表7-5的要求。

表7-4 结构性修复水泥基材料复检性能要求及检测方法

项目	单位	龄期	性能要求	检验方法
凝结时间	min	初凝	≤120	《水泥标准稠度用水量、凝结时间、安定性检验方法》(GB/T 1346—2011)
		终凝	≤360	
抗压强度	MPa	24h	≥25	《水泥胶砂强度检验方法(ISO法)》(GB/T 17671—2021)
		28d	≥65	
抗折强度	MPa	24h	≥3.5	
		28d	≥9.5	
抗渗性能	MPa	28d	≥1.5	《建筑砂浆基本性能试验方法标准》(JGJ/T 70—2009)

表 7-5　无机防腐水泥基材料复检性能要求及检测方法

项目	单位	龄期	性能要求	检验方法
凝结时间	min	初凝	≥45	《水泥标准稠度用水量、凝结时间、安定性检验方法》(GB/T 1346—2011)
	min	终凝	≤360	
抗压强度	MPa	12h	≥8.0	《水泥胶砂强度检验方法(ISO 法)》(GB/T 17671—2021)
	MPa	24h	≥12.0	
	MPa	28d	≥25.0	
抗折强度	MPa	24h	≥2.5	
	MPa	28d	≥4.0	
抗渗压力	MPa	28d	≥1.5	《建筑砂浆基本性能试验方法标准》(JGJ/T 70—2009)

水泥基内衬浆料制备用水应符合现行国家行业标准《混凝土用水标准》(JGJ 63—2006)的有关规定。

第四节　设　计

非开挖修复工程设计前应详细调查原有检查井的基本状况、工程地质和水文地质条件、现场施工环境等。当检查井发生结构性破坏时,应进行整体内衬修复。当检查井出现下沉,应对检查井基础进行加固,并应对已探明的井外空洞进行填充;若需要更新井内爬梯,则应在内衬施工前完成。内衬设计应遵循以下基本原则:

(1)当检查井在修复前有明显漏水时,应先堵水。

(2)修复后检查井结构应能满足承载力、防渗、防腐及尺寸等方面的要求。

(3)采用离心喷筑法施工的内衬通常指井盖以下到井底之间的井壁段,井底、流槽、水平顶板等部位如需修复可采用人工喷筑或刮抹方式。

(4)排水检查井水泥基内衬最小厚度不宜小于 15mm,当有闭水要求时,内衬厚度不应小于 20mm。

(5)矩形检查井进行结构性修复时,内衬中应添加钢筋(或其他抗拉)提高内衬抗弯性能。

排水检查井进行结构性修复时,所用材料应符合表 7-3 的要求,不同规格检查井的内衬厚度按表 7-6 选取。

采用无机防腐水泥基材料对检查井进行防腐修复时,内衬厚度一般采用 20mm;腐蚀严重或特殊要求的部位可适当增加厚度。

表 7-6 排水检查井结构性修复内衬厚度选择表

井深/m	井径/mm			
	DN700	DN1000	DN1250	DN1500
1.00	15	15	15	15
2.00	15	15	15	15
3.00	15	15	15	15
4.00	15	15	15	20
5.00	15	15	20	20
6.00	15	20	20	25
7.00	20	20	25	25
8.00	20	25	25	30
9.00	20	25	30	30
10.00	25	30	30	35
11.00	25	30	35	35
12.00	25	30	35	40

第五节 施工与养护

检查井进行水泥基内衬修复前，应进行预处理，并符合以下要求：

(1)检查井清洗时应采取措施避免井壁掉落的大块硬质杂物被冲入管道内。

(2)经处理的井壁应无污泥、垃圾、油脂及有机涂层等附着物，井壁上的腐蚀层、疏松结构均应清除干净。

(3)井内有漏水时，应结合现场情况进行止水。

对基底处理后暴露出的凹陷、孔洞和裂缝等缺陷应采用水泥砂浆填平。经探明的井周空洞宜采取注浆等方式充填。检查井发生整体下沉时，可采取地基加固方式使其基础稳固。应按材料供应商推荐的水料比搅拌内衬浆料，搅拌好的浆料应在规定的时间内使用完；喷筑施工前，应保证基底处于湿润状态，但不得有明显的水滴或流水；当环境温度低于 0℃时，不宜进行喷筑施工；当施工环境温度高于 35℃时，应采取降温措施。

采用离心喷筑法修复时，应按以下步骤实施：

(1)将离心旋喷器居中置于井内，启动旋喷器，待其运行平稳后再启动砂浆输送泵，待浆料从旋喷器均匀甩出后，操纵吊臂卷扬使旋喷器平稳下行至井底后切换方向提升旋喷器上升至井口完成一个喷筑回次，如此循环往复直至设计厚度。

(2)在离心喷筑过程中，旋喷器下放和提升速度不宜大于 3m/min。

(3)若离心喷筑过程因故中断，应及时清理设备，避免堵塞。

(4)内衬喷筑完成后,保留内衬原始形态,也可根据要求对表面进行压抹。

井底与井壁的结合部位应采取倒圆过渡,井底内衬厚度不得小于 20mm。内衬应在无风、潮湿环境下养护,避免因水分过快蒸发造成开裂。

第六节　工程验收

检查井内衬应表面规整,无明显湿渍、渗水,严禁滴漏、线漏等现象。

除设计有要求外,检查井底部高于地下水水位时,可不必进行严密性试验;检查井底部低于地下水水位时,水泥基材料强度、抗渗性能检测合格,可参照现行国家标准《给水排水管道工程施工及验收规范》(GB 50268—2008)混凝土结构无压管道渗水量测与评定方法的有关规定进行检查,并做好记录。

排水检查井水泥基内衬修复工程分项、分部、单位工程划分应符合表 7-7 的规定。

表 7-7　排水检查井水泥基内衬修复工程的分项、分部、单位工程划分

<table>
<tr><td colspan="3">单位工程
单个合同中全部应修复检查井</td></tr>
<tr><td>分部工程</td><td>分项工程</td><td>验收批</td></tr>
<tr><td rowspan="2">检查井修复</td><td>检查井预处理</td><td rowspan="2">每座</td></tr>
<tr><td>检查井内衬</td></tr>
</table>

注:当工程规模较小时,如 1 个管段,则该分部工程可视同单位工程。

施工过程中,应对内衬浆料进行现场取样制作试块,并送业主指定的第三方机构测试,每一检验批做一组样,抽样检测应符合表 7-8、表 7-9 的要求。

表 7-8　结构性修复水泥基材料性能要求及检测方法

项目	龄期/d	性能要求	检验方法
抗压强度/MPa	28	≥65.0	《水泥胶砂强度检验方法(ISO 法)》(GB/T 17671—2021)
抗折强度/MPa	28	≥9.5	
抗渗性能/MPa	28	≥1.5	《建筑砂浆基本性能试验方法标准》(JGJ/T 70—2009)

表 7-9　无机防腐水泥基材料现场取样检测项目

项目	龄期/d	性能要求	检验方法
抗压强度/MPa	28	≥25.0	《水泥胶砂强度检验方法(ISO 法)》(GB/T 17671—2021)
抗折强度/MPa	28	≥4.0	
抗渗性能/MPa	28	≥1.5	《建筑砂浆基本性能试验方法标准》(JGJ/T 70—2009)

1. 主控项目

(1)水泥基材料性能应符合设计要求,质量保证资料应齐全。

检查方法:对照设计文件全数检查、出厂检测报告、检查质量保证资料、厂家产品使用说明、现场抽样检测报告等。检验数量:全数。

(2)内衬平均厚度不低于设计值,最小厚度应不低于设计值的90%。

检查方法:采用测厚尺在未凝固的内衬表面随机插入检测,每个断面测3~4个点,以最小插入深度作为内衬厚度,或在监理的见证下,在检查井断面设置标记钉,当内衬完全覆盖全部标记钉时认为厚度满足要求。检验数量:全数。

2. 一般项目

内衬应密实规整,不得有空鼓、裂缝等现象;内衬表面无明显湿渍现象;流槽平顺、圆滑、光洁。

检查方法:观察、QV。检验数量:全数。

修复施工记录应齐全、正确。

检查方法:对照设计文件和施工方案的规定进行检查。检验数量:全数。

附录1　主要术语

1. 非开挖修复技术 trenchless rehabilitation and renewal techniques

采用少开挖或不开挖地表的方法进行排水管道修复更新的技术。

2. 原位固化法 cured-in-place pipe (CIPP)

采用翻转或牵拉方式将浸渍树脂的软管置入原有管道内，固化后形成管道内衬的修复方法。

3. 翻转式原位固化法 inversion cured-in-place pipe method

采用翻转方式将浸渍热固性树脂的软管置入待修复管道内，通过热水或蒸汽固化树脂后形成管道内衬的修复方法。

4. 紫外光原位固化法 UV cured-in-place pipe method

采用牵拉方式将浸有光引发树脂的软管置入待修复管道内，通过紫外光固化后形成管道内衬的修复方法。

5. 水泥基材料喷筑法 lining with sprayed cementitious method

通过离心或压力喷射方式将修复用水泥基材料均匀覆盖在待修复管道设施内表面形成内衬的修复方法。

6. 垫衬法 lining with a rigidly anchored plastics innerlayer method

将带锚固键的塑料垫衬作成一条新的管道内衬，安装在原有管道内，并对内衬与原有管道之间的间隙进行填充的管道修复方法。

7. 碎(裂)管法 pipe bursting method

采用碎(裂)管设备从内部破碎或割裂原有管道，将原有管道碎片挤入周围土体形成管孔，并同步拉入新管道的方法。

8. 热塑成型法 formed-in-place pipe method

采用牵拉方法将生产压制成“C”形或“H”形的内衬管置入原有管道内，然后通过静置、加热、加压等方法将衬管与原有管道紧密贴合的管道内衬修复技术。

9. 点状原位固化法 spot cured-in-place pipe

采用原位固化法对管道进行局部修复的方法。

10. 不锈钢双胀环法 stainless steel expansion ring seal method

以环状橡胶止水密封带与不锈钢胀环为主要修复材料，在管道接口或局部损坏部位安装环状橡胶止水密封带，密封带就位后用 2 道或 3 道不锈钢胀环固定管道的修复方法。

11. 不锈钢快速锁法 stainless steel quick-lock pipe repair method

采用专用不锈钢圈扩充后将橡胶密封圈挤压在原有管道缺陷位置，形成管道内衬的管道局部修复方法。

12. 机械制螺旋缠绕法 lining with spirally-wound pipes method

采用机械缠绕的方法将带状型材在原有管道内形成一条新的管道内衬的修复方法，简称螺旋缠绕法。

13. 半结构性修复 semi-structural rehabilitation

新的内衬管依赖于原有管道的结构，在设计寿命之内仅需要承受外部的静水压力，而外部土压力和动荷载仍由原有管道支撑的修复方法。

14. 结构性修复 structural rehabilitation

新的内衬管具有不依赖于原有管道结构而独立承受外部静水压力、土压力和动荷载作用性能的修复方法。

15. 软管 tube

由一层或多层聚酯纤维毡或同等性能材料缝制而成的外层包覆非渗透性塑料薄层的柔性管材。

16. 内衬管 liner

通过各种非开挖修复更新方法在原有管道内形成的管道内衬。

17. 工作井 working shaft

穿插、缩径、折叠修复管道施工时，从地面竖直开挖至管道底部，用于施工的作业空间，又称工作坑或竖井。

附录 2　相关规范及文件

本技术指南引用了下列标准规范中的有关条款。凡是不注日期的引用文件，其最新版本适用于本技术指南。

(1)CJJ 68—2016 《城镇排水管渠与泵站运行、维护及安全技术规程》

(2)CJJ 181—2012 《城镇排水管道检测与评估技术规程》

(3)CJJ/T 210—2014 《城镇排水管道非开挖修复更新工程技术规程》

(4)GB 50332—2002 《给水排水工程管道结构设计规范》

(5)DB31/T 444—2022 《排水管道电视和声呐检测评估技术规程》

(6)GB/T 26148—2010 《高压水射流清洗作业安全规范》

(7)GB/T 2567—2021 《树脂浇铸体性能试验方法》

(8)GB/T 1634.2—2019 《塑料 负荷变形温度的测定 第 2 部分:塑料和硬橡胶》

(9)GB/T 1033.1—2008/ISO 1183-1:2004 《塑料 非泡沫塑料密度的测定 第 1 部分:浸渍法、液体比重瓶法和滴定法》

(10)GB/T 18173.1—2012 《高分子防水材料 第 1 部分:片材》

(11)GB/T 3398.1—2008/ISO 2039-1:2001 《塑料 硬度测定 第 1 部分:球压痕法》

(12)GB/T 50080—2016 《普通混凝土拌合物性能试验方法标准》

(13)GB/T 50448—2015 《水泥基灌浆材料应用技术规范》

(14)GB/T 17671—2021 《水泥胶砂强度检验方法(ISO 法)》

(15)GB/T 50081—2002 《普通混凝土力学性能试验方法标准》

(16)GB 50119—2013 《混凝土外加剂应用技术规范》

(17)GB 8076—2008 《混凝土外加剂》

(18)T/CECS 717—2020 《城镇排水管道非开挖修复工程施工及验收规程》

(19)GB/T 1449—2005 《纤维增强塑料弯曲性能试验方法》

(20)GB/T 1040.4—2006/ISO 527-4:1997 《塑料 拉伸性能的测定 第 4 部分:各向同性和正交各向异性纤维增强复合材料的试验条件》

(21)GB/T 8804.2—2003 《热塑性塑料管材 拉伸性能测定 第 2 部分:硬聚氯乙烯(PVC-U)、氯化聚氯乙烯(PVC-C)和高抗冲聚氯乙烯(PVC-HI)管材》

(22)GB/T 9341—2008/ISO 178:2001 《塑料 弯曲性能的测定》

(23)JGJ/T 70—2009 《建筑砂浆基本性能试验方法标准》

(24)GB/T 528—2009/ISO 37:2005 《硫化橡胶或热塑性橡胶 拉伸应力应变性能的

测定》

(25)GB/T 19809—2005/ISO 11414:1996 《塑料管材和管件 聚乙烯(PE)管材/管材或管材/管件热熔对接组件的制备》

(26)GB/T 13663.1—2017 《给水用聚乙烯(PE)管道系统 第1部分:总则》

(27)GB/T 2567—2021 《树脂浇铸体性能试验方法》

(28)J/CT 2041—2020 《聚氨酯灌浆材料》

(29)GB/T 1040.2—2022 《塑料 拉伸性能的测定 第2部分:模塑和挤塑塑料的试验条件》

(30)GB/T 1633—2000 《热塑性塑料维卡软化温度(VST)的测定》

(31)GB/T 50448—2015 《水泥基灌浆材料应用技术规范》

(32)GB/T 13663.2—2018 《给水用聚乙烯(PE)管道系统 第2部分:管材》

(33)GB 50268—2008 《给水排水管道工程施工及验收规范》

(34)GB/T 13663.5—2018 《给水用聚乙烯(PE)管道系统 第5部分:系统适用性》

(35)GB/T 1346—2001 《水泥标准稠度用水量、凝结时间、安定性检验方法》

(36)GB/T 29756—2013 《干混砂浆物理性能试验方法》

(37)JGJ 63—2006 《混凝土用水标准》

(38)CJJ 6—2009 《城镇排水管道维护安全技术规程》

(39)GB/T 8806—2008/ISO 3126:2005 《塑料管道系统 塑料部件 尺寸的测定》